HOMEROCENTONES

EVDOCIAE AVGVSTAE

RECOGNOVIT EDIDITQVE

MARK D. USHER

STVTGARDIAE ET LIPSIAE

IN AEDIBVS B. G. TEVBNERI MIM

Die Deutsche Bibliothek — CIP-Einheitsaufnahme

Eudocia ⟨Augusta⟩:
[Homerocentones]
Homerocentones Eudociae Augustae / rec. ed. Mark D. Usher. —
Stutgardiae ; Lipsiae : Teubner, 1999
(Bibliotheca scriptorum Graecorum et Romanorum Teubneriana)
ISBN 3-519-01318-5

© 1999 B. G. Teubner Stuttgart und Leipzig

Printed in Germany
Satz: Satzpunkt Leipzig GmbH
Druck und Bindung: Druckhaus „Thomas Müntzer" GmbH, Bad Langensalza

PRAEFATIO

Homerocentones, quos Ὁμηρόκεντρα vocabant auctores Graeci, sunt poemata ex disiectis membris Homeri composita, hoc est, ex versibus ex Iliade aut Odyssea excerptis et, rebus quidem mutatis, versibus autem ipsis aut paene aut omnino intactis, inter se coniunctis. Pauci ex antiquis hodie extant. Reperiuntur tamen huiusmodi carminum exempla Graeca in *Anthologia Palatina* (9.361, 381, 382; cf. Hunger 1978: 98–101), apud Irenaeum, patrem ecclesiae (apud Epiph. *Pan.* II, 29.9), apud Heliodorum, Dionysii Thracis commentatorem (ed. Hilgard 1901: 480–1), aliisque in locis. Carmen centonarium Hadriani temporibus in saxeo Memnonis crure incisum Thebis in Aegypto legebatur (Bernand 1960: 111–113). Sunt etiam τὰ Ὁμηρομαντεῖα, carmina centonum similia, quae in Papyris Graecis Magicis reperiantur (Maltomini 1995). Centones vero Latini a Proba, ab Ausonio aliisque ab auctoribus et veteribus et recentioribus pancti praevalent variis in editionisbus criticis (v. Salanitro 1997).

Hic libellus illos Homerocentones continet, quos Eudocia Athenais Augusta, uxor Theodosii II Imperatoris, pro Patricio quodam, qui primus Homerocentones de rebus christianis scripsit, composuisse aut correxisse dicitur. In hoc carmine canit Eudocia versibus Homericis de principiis mundi, de temptatione serpentis, de Iesu Nazareni nativitate, vita, passione, resurrectione. Alio loco, ut firma huius editionis fundamenta iacerem, de libris manuscriptis impressisque et de auctoribus Homerocento-

num iam pluribus verbis disserui (Usher 1997). Illic affir-
mabam Homerocentonum editionem Teubnerianam ab
Arthuro Ludwich, viro docto atque φιλομήρῳ, recensam
(Ludwich 1897) mendosam esse, cum non plus quartam
versuum partem complecteretur idemque ne ab ipsa qui-
dem Eudocia, sed a variis auctoribus, diversis tempori-
bus, eclogarum modo concinnati essent (pace Schembra
1995). Talibus de rebus non multum praefandum duco,
lectorum fretus diligentia qui ad opusculum meum pote-
runt se referre. Hic paucis de textu constituto et de hac
nova editione dicendum est.

Editio princeps Homerocentonum quam excudit et
anno 1502 edidit Aldus Manutius, quaeque *Poetae Chri-
stiani Veteres* inscribitur, veram Eudociae poematis recen-
sionem continet, id quod in opusculo de quo supra dic-
tum est demonstravi. Hanc editionem Aldinam emenda-
vit et anno 1578 iterum edidit Henricus Stephanus (*Ho-
merici Centones a veteribus vocati* Ὁμηρόκεντρα). Accidit
forte ac casu ut codicem manuscriptum Homerocento-
num, qui hanc veram Eudociae recensionem in libris im-
pressis Aldi Stephanique servatam continet, invenirem in
catalogo manuscriptorum in bibliothecis monasterialibus
Montis Athonis conditorum (Iviron 4464; descriptus a
Lambros 1900: 92). Hunc codicem quartodecimo saeculo
exaratum, a Ludwich aliisque neglectum, meis oculis in-
spexi et cum libris impressis Aldi Stephanique contuli,
cuius laboris fructus est haec nova editio. Cum decem fo-
lia ultima codici desint, editiones impressae Aldi – et
praecipue Stephani – lacunam supplent. Egomet autem
cum Stephano de textu sic constituto consentio, qui
scripsit, "me … quicumque hanc meam editionem cum
aliis conferent, multos … versus non solum ex iis qui
aperte claudicabant, vel alio modo mendosi erant, sed ex
iis etiam qui occultis vitiis laborabant integritati suae re-

stituisse comperient." Praeterea hoc solum restare iudi-
cavi, ut apparatum criticum adicerem et quo modo versus
Homerici novis sedibus centonariis accommodati essent
indicarem.[1]

Homerocentones Eudociae ad illum textum Homeri-
cum, qui a multis vulgatus vocatur, proxime accedunt.
Quod ad rationem scribendi, orthographiam, versuum
numeros pertinet textum Oxoniensem a Monro-Allen
editum sequi mihi optimum videbatur. Versus cento-
narios ex Homero ad verbum translatos litteris i (pro
Iliade) vel o (pro Odyssea) in marginibus signavi et libros
versusque Homericos notis arabicis. Litteris italicis indi-
cavi eundem aut similem versum centonarium alio loco
poematum Homericorum reperiri. Interdum opus erat ut
fontem aliquorum versuum huiusmodi ingenio meo, sen-
sum et contextum narrationum Homericarum et cento-
nariarum inter se comparando, decernerem.

Locos quibus textus centonarius ab editione Monro-Al-
len differt variis siglis signavi. Asteriscus (∗) significat mu-

---

1 G. Salanitro hoc etiam postulat ut qui Homerocentones
edat recensionem Patricii et illam eclogam partim a Ludwich
editam exponat (Salanitro 1995: 1260–61). Hanc quidem
A.-L. Rey novissime recensuit totam et editionem suam appa-
ratu, commentariis translatione Gallica lingua instruxit. "Dans
les limites ... fixées" (Rey 1998: 97), haec magno beneficio est.
Verum tamen offerendam censui recensionem Eudociae ipsius
solam in usum publicum, qua auctores recentiores – praesertim
Milton et Joyce (v. Faj 1968: 48–72; Harris 1898: 27–33) – per
libros impressos Aldi Stephanique usi essent. De recensionibus
Homerocentonum "brevi" et "media" a Salanitro vocatis, quae
ab Eudociae centonibus omnino discrepant, magno cum studio
ingenioque disseruit discipulus eius R. Schembra (Schembra
1993, 1994, 1995), cui ut centones illos critice edat, libentissime
concedo.

tationem grammaticam, quae frequentissima in Homero-
centonibus est accommodatio. Passae sunt hanc mutatio-
nem partes orationis omnes aliae aliter. Nominum prono-
minumque casus, numeri, genera et verborum personae,
tempora, modi plerumque mutantur atque participia in vi-
cem verborum finitorum aut verba finita pro participiis
ponuntur. Ne apparatus fieret monstrum verbosum, utilis-
simum mihi videbatur pro versibus centonariis asteriscis
notatis lectiones Homericas in apparatu non scribere. Li-
cet legenti ad textum Monro-Allen se referre.

Haec sigla, ⌐ ¬, quibus lectiones apud Homerum non
repertae accinguntur, indicant mutationem semanticam.
Mutationum huiusmodi lectiones Homericae reperiri
possunt in apparatu et crux (†) addita est indicationi in
marginibus exhibitae. Plerumque textus centonarius ab
Homerico ita discrepat, ut aliud substantivum vel adiec-
tivum vel verbum pro alio ponatur, aut coniunctiones vel
particulae inter se varient. Accingunturque his siglis (⌐ ¬)
mutationes grammaticae cum metri gratia verba vel prae-
sertim particulae additae aut amissae sunt: quibus locis
lectiones Homericae in apparatu reperientur. Cum lectio
centonaria in libris quidem manuscriptis sed non in edi-
tione Monro-Allen invenitur (e. g. ἔρδεσκεν pro ἔρρεξεν
in versu centonario 36 = Il. 22.380), verbum vel verba his
siglis (⌐ ¬) accinguntur et aliud siglum (@) cum lectione
Monro-Allen in apparatu ponitur.

Versus centonarius cui indicationes duae sunt apposi-
tae (e. g. "i 23.536 + 107") compositus est ex duobus he-
mistichiis. Indicationes huius modi – "cf. i 1.149," aut
"?" – indicant versus centonarios ex nescioquibus locis,
non Homericis saltem, ortos.

Codex Iviron praebet prooemium Homerocentonibus
ab Eudocia panctum, quod primus Eugenius Abel et de-
nuo Ludwich ex duobus codicibus, Par. gr. suppl. 388 et

Vat. pal. 326, publici iuris fecerunt (Abel 1881: 164–65; Ludwich 1897, 83–86). Est autem hoc:

ἥδε μὲν ἱστορίη θεοτερπέος ἐστὶν ἀοιδῆς.
Πατρίκιος δ’, ὃς τήνδε σοφῶς ἀνεγράψατο βίβλον,
ἔστι μὲν ἀθανάτοιο διαμπερὲς ἄξιος αἴνου,
οὕνεκα δὴ πάμπρωτος ἐμήσατο κύδιμον ἔργον.
5 ἀλλ’ ἔμπης οὐ πάμπαν ἐτήτυμα πάντ’ ἀγόρευσεν·
οὐδὲ μὲν ἁρμονίην ἐπέων ἐφύλαξεν ἅπασαν,
οὐδὲ μόνων ἐπέων ἐμνήσατο κεῖνος ἀείδων,
ὁππόσα χάλκεον ἦτορ ἀμεμφέος εἶπεν Ὁμήρου.
ἀλλ’ ἐγὼ ἡμιτέλεστον ἀγακλεὲς ὡς ἴδον ἔργον
10 Πατρικίου, σελίδας ἱερὰς μετὰ χεῖρα λαβοῦσα,
ὅσσα μὲν ἐν βίβλοισιν ἔπη πέλεν οὐ κατὰ κόσμον,
πάντ’ ἄμυδις κείνοιο σοφῆς ἐξείρυσα βίβλου·
ὅσσα δ’ ἐκεῖνος ἔλειπεν, ἐγὼ πάλιν ἐν σελίδεσσι
γράψα καὶ ἁρμονίην ἱερὴν ἐπέεσσιν ἔδωκα.
15 εἰ δέ τις αἰτιόωτο καὶ ἡμέας ἐς ψόγον ἕλκοι,
δοιάδες οὕνεκα πολλαὶ ἀρίζηλον κατὰ βίβλον
εἰσὶν Ὁμηρείων τ’ ἐπέων θ’ ὅπερ οὐ θέμις ἐστίν,
ἴστω τοῦθ’, ὅτι πάντες ὑποδρηστῆρες ἀνάγκης.
εἰ δέ τις ὑμνοπόλοιο σαόφρονος Τατιανοῖο
20 μορφὴν εἰσαΐων σφετέρην τέρψειεν ἀκουήν,
δοιάδος οὕνεκα κεῖνος Ὁμηρείης ἀπὸ μολπῆς

3 ἀθανάτοιο : ἀενάοιο Abel, Ludwich **5** πάμπαν : πάγχυ Abel, Ludwich **9** ἴδον ἔργον corr. Ludwich : ἔργον ἰδοῦσα Abel : εἶδον ἔργον Iv **10** χεῖρα corr. Ludwich : χεῖρας Iv **17** θ’ ὅπερ Iv : πολλ’ Ludwich, Abel **19** σαόφρονος Iv : σαόφρονα Ludwich, Abel **20** μορφὴν Iv (cf. Od. 11.367: μορφῆ ἐπέων) : μολπὴν Ludwich, Abel **21** δοιάδος Iv : δοιάδας Ludwich, Abel, Ὁμηρείης ἀπὸ μολπῆς Iv : Ὁμηρείων ἀπὸ βίβλων : Ludwich, Abel et post versum 21 addunt: οὔ ποτε συγχεύας σφετέρῃ ἐνεθήκατο δέλτῳ, / οὐ ξένον, οὕνεκα κεῖνος Ὁμηρείης ἀπὸ μολπῆς

κείνων τ' ἐξ ἐπέων σφετέρων ποίησεν ἀοιδὴν
Τρώων ἀρηΐων τε κακὴν ἐνέπουσαν ἀϋτήν,
ὥς τε πόλιν Πριάμοιο διέπραθον υἷες Ἀχαιῶν,
αὐτὴν Τροίαν ἔχουσαν ἐν ἀργαλέῳ τε κυδοιμῷ   25
μαρναμένους αὐτούς τε θεούς, αὐτούς τε καὶ ἄνδρας,
οὕς ποτε χαλκεόφωνος ἀνὴρ ἀΰτησεν Ὅμηρος.
Πατρίκιος δ', ὃς τῆνδε σοφὴν ἀνεγράψατο δέλτον,
ἀντὶ μὲν Ἀργείων στρατιῆς γένος εἶπεν Ἑβραίων,
ἀντὶ δὲ δαιμονίης τε καὶ ἀντιθέοιο φάλαγγος   30
ἀθανάτου ἧυσε καὶ υἱέα καὶ γενετῆρα.
    ἀλλ' ἔμπης ξυνὸς μὲν ἔφυ πόνος ἀμφοτέροισι,
Πατρικίῳ κἀμοί καὶ θηλυτέρῃ περ ἐούσῃ·
κεῖνος δ' ἤρατο μοῦνος ἐν ἀνθρώποις μέγα κῦδος.

22 κείνων τ' Iv : κεῖνος δ' Ludwich, Abel   23 ἀρηΐων Iv : τ'
Ἀργείων Ludwich, Abel, κακήν Ludwich, Abel : κακὰ Iv   26 τε
Abel : δὲ Iv   31 ἀθανάτου ἧυσε Iv : ἀθανάτους ἥεισε Ludwich,
Abel : post versum 34 add. Ludwich ὃς πάμπρωτος ἐπήξατο
κλεινὸν ἕδος γε δόμοιο / καλὴν ἐξανάγων φήμην βροτέοιο γε-
νέθλης et Abel ... / βροτέῃ ἐνὶ γέννῃ.

Opitulatoribus meis in hoc negotio non possim satis gra-
tiarum agere, οὐδ' εἴ μοι δέκα μὲν γλῶσσαι, δέκα δὲ
στόματ' εἶεν. Est autem iucundum commemorare M. L.
West, P. K. Marshall, H.-G. Nesselrath, E. Schuhmann,
R. A. Kaster, C. A. Faraone, M. Roberts, R. W. Allison,
Patres fratresque Moni Iviron, R. Lamberton, G. W. Most,
et L. M. Slatkin, sociam mentoremque carissimam ἔξοχα
παντῶν.

CONSPECTVS LIBRORVM

Abel 1881   E. Abel. "Zu den Homercentonen." *Zeitschrift
                 für das österreichische Gymnasium,* 3.3: 161–67.
Bernand 1960   A. and E. Bernand. *Les inscriptions grecques et
                 latines du Colosse de Memnon.* Cairo: Institut
                 français d'archéologie orientale.
Fàj 1968   A. Fàj. "Probable Byzantine and Hungarian
                 Models of Ulysses and Finnegan's Wake." Ar-
                 cadia: *Zeitschrift für vergleichende Literaturwis-
                 senschaft,* 3.1: 48–72.
Harris 1898   J. R. Harris. *The Homeric Centos and the Acts of
                 Pilate.* London: J. S. Clay & Son.
Hilgard 1901   A. Hilgard, ed. *Scholia in Dionysii Thracis ar-
                 tem grammaticam.* In *Grammatici Graeci.* Part I,
                 Vol. II. Hildesheim: Georg Olms (1979).
Hunger 1978   H. Hunger. *Die Hochsprachliche Profane Litera-
                 tur der Byzantiner.* Vol. 2. Munich: Beck.
Lambros 1900   S. P. Lambros. *Catalogue of the Greek Manu-
                 scripts on Mount Athos.* Vol. 2. Cambridge:
                 Cambridge University Press.
Ludwich 1897   A. Ludwich. *Eudociae Augustae, Procli Lycii,
                 Claudiani Carminum Graecorum Reliquiae.*
                 Leipzig: Teubner.
Maltomini 1995   F. Maltomini. "P.Lond. 121 (= PGM VII),
                 1–221: Homeromanteion." *Zeitschrift für Pa-
                 pyrologie und Epigraphik,* 106: 107–22.
Rey 1998   A.-L. Rey. *Patricius, Eudocie, Optimus, Côme de
                 Jérusalem. Centons Homériques.* Collection
                 Sources Chrétiennes Vol. 437. Lyon: Institut
                 des Sources Chrétiennes.
Salanitro 1995   –. "Eudocia e Omero: Appunti sulla tradi-
                 zione manoscritta degli Homerocentones." In
                 Studia classica Iohanni Tarditi oblata. Ed. by

L. Belloni, G. Milanese, A. Porro. Vol. 3. Milan: Università Cattolica. pp. 1257–62.

Salanitro 1997   G. Salanitro. "Osidio Geta e la poesia centonaria." *Aufstieg und Niedergang der Römischen Welt.* Part 3. Vol. 34.3. Berlin and New York: de Gruyter.

Schembra 1993   R. Schembra. "La 'Quarta' Redazione degli *Homerocentones.*" *Sileno,* 19: 277–95.

Schembra 1994   –. "Varianti di christianizazzione e δοιάδες nella 'quarta' redazione degli *Homerocentones.*" *Sileno,* 20: 317–32.

Schembra 1995   –. "Analisi Comparativa delle redazioni lunghe degli *Homerocentones.*" *Sileno,* 21: 113–37.

Smolak 1979   K. Smolak. "Beobachtungen zur Darstellungsweise in den Homerzentonen." *Jahrbuch der Österreichischen Byzantistik,* 28: 29–49.

Usher 1997   M. D. Usher. "Prolegomenon to the Homeric Centos." *American Journal of Philology,* 118.2: 305–21.

Usher 1998   –. *Homeric Stitchings: The Homeric Centos of the Empress Eudocia.* Lanham, Md.: Rowman & Littlefield.

HOMEROCENTONES

EVDOCIAE AVGVSTAE

Κέκλυτε, μυρία φῦλα περικτιόνων ⌜ἀνθρώπων⌝,   i 17.220 †
ὅσσοι νῦν βροτοί εἰσιν ἐπὶ χθονὶ σῖτον ἔδοντες   o 8.222
ἠμὲν ὅσσοι ναίουσι πρὸς ἠῶ τ' ἠέλιόν τε   o 13.240
ἠδ' ὅσσοι μετόπισθε ποτὶ ζόφον ἠερόεντα   o 13.241
5 ὄφρ' εἴπω τά με θυμὸς ἐνὶ στήθεσσι κελεύει   i 8.6
⌜ὥς⌝ εὖ γινώσκητ' ἠμὲν θεὸν ἠδὲ καὶ ἄνδρα,   i 5.128 * †
ὃς πᾶσι θνητοῖσι καὶ ἀθανατοῖσιν ἀνάσσων   i 12.242 *
ἐν μὲν γαῖαν ἔτευξ', ἐν δ' οὐρανόν, ἐν δὲ θάλασσαν,   i 18.483
ἠέλιόν τ' ἀκάμαντα σελήνην τε πλήθουσαν,   i 18.484
10 ἐν δὲ τὰ τείρεα πάντα, τά τ' οὐρανὸς ἐστεφάνωται,   i 18.485
Πληϊάδας θ' Ὑάδας τε τό τε σθένος Ὠρίωνος   i 18.486
Ἄρκτον θ', ἣν καὶ Ἄμαξαν ἐπίκλησιν καλέουσιν,   i 18.487
ἥ τ' αὐτοῦ στρέφεται καί τ' Ὠρίωνα δοκεύει,   i 18.488
ἰχθῦς ὄρνιθάς τε φίλας, ὅ τι χεῖρας ἵκοιτο   o 12.331 *
15 εἰναλίων τοῖσίν τε θαλάσσια ἔργα μέμηλεν   o 5.67 *
δελφῖνάς τε κύνας τε καὶ εἴ ποθι μεῖζον ⌜ἔνεστι⌝   o 12.96 †
κῆτος ἃ μυρία βόσκει ἀγάστονος Ἀμφιτρίτη,   o 12.97
ἵππους θ' ἡμιόνους τε βοῶν τ' ἴφθιμα κάρηνα,   i 23.260
ἄρκτους τ' ἀγροτέρους τε σύας χαροπούς τε λέοντας,   o 11.611 *
20 ⌜πάντα κεν⌝ ὅσσα τε γαῖαν ἔπι πνείει τε καὶ ἕρπει,   i 17.447 *
τοῖσι δ' ὑπὸ χθὼν δῖα φύεν νεοθηλέα ποίην,   i 14.347 *
λωτόν θ' ἑρσήεντα ἰδὲ κρόκον ἠδ' ὑάκινθον,   i 14.348
ἀμφὶ δὲ λειμῶνας μαλακοὺς ἴου ἠδὲ σελίνου   o 5.72 *

1 ἐπικούρων   6 ὄφρ'   16 ἕλησι   20 παντῶν

o4.604* πυρούς τε ζειάς τε ἰδ' εὐρυφυὲς κρῖ λευκόν,
o4.458* γίνετο δ' ὑγρὸν ὕδωρ καὶ δένδρεα ὑψιπέτηλα, 25
o7.115 ὄγχναι καὶ ῥοιαὶ καὶ μηλέαι ἀγλαόκαρποι
o7.116 συκέαι τε γλυκεραὶ καὶ ἐλαῖαι τηλεθόωσαι
o5.64 κλήθρη τ' αἴγειρός τε καὶ εὐώδης κυπάρισσος,
o6.124* καὶ πηγὴ ποταμῶν καὶ πίσεα ποιήεντα.

περὶ τῶν ἐν τῷ παραδείσῳ τεσσάρων ποταμῶν

o5.70 κρῆναι δ' ἑξείης πίσυρες ῥέον ὕδατι λευκῷ, 30
o5.71 πλησίαι ἀλλήλων τετραμμέναι ἄλλυδις ἄλλη·
i16.389† τῶν δέ ⌈γε⌉ πάντες μὲν ποταμοὶ πλήθουσι ῥέυντες.

περὶ τοῦ Ἀδάμ καὶ τῆς Εὐας καὶ περὶ τῆς ἀπάτης τοῦ ὄφεως

i23.536†
+107 λοῖσθος ἀνὴρ ⌈ὥριστο⌉· ἔϊκτο δὲ θέσκελον αὐτῷ.
i2.308 ἔνθ' ἐφάνη μέγα σῆμα· δράκων ἐπὶ νῶτα δαφοινός,
o12.119* δεινός τ' ἀργαλέος τε καὶ ἄγριος οὐδὲ μαχητός, 35
i22.380@ ὅς κακὰ πόλλ' ⌈ἔρδεσκεν⌉, ὅσ' οὐ σύμπαντες οἱ ἄλλοι,
i14.217* ⌈παρφασίη⌉ τ' ἔκλεψε νόον πύκα περ φρονεόντων.
i9.546 τόσσος ἔην, πολλοὺς δὲ πυρῆς ἐπέβησ' ἀλεγεινῆς.
o10.105* κούρῃ δὲ ξύμβλητο πρὸ ἄστεος ὑδρευούσῃ.
o6.148 αὐτίκα μειλίχιον καὶ κερδαλέον φάτο μῦθον, 40
o19.545 φωνῇ τε βροτέῃ κατερήτυε φώνησέν τε·
i7.28† "⌈ἦ⌉ ῥά νύ⌉ μοί τι πίθοιο, τό κεν πολὺ κέρδιον εἴη,
i14.191 ἠέ κεν ἀρνήσαιο, κοτεσσαμένη τό γε θυμῷ;
o11.146@ ῥηΐδιόν ⌈τοι⌉ ἔπος ἐρέω καὶ ἐνὶ φρεσὶ θήσω.
i10.324 σοὶ δ' ἐγὼ οὐχ ἅλιος σκοπὸς ἔσσομαι, οὐδ' ἀπὸ δόξης. 45
o19.269* ⌈νημερτὲς⌉ γάρ τοι μυθήσομαι οὐδ' ἐπικεύσω.

26 ὄχναι Iv 27 συκαῖ Iv 28 κλείθρη Iv 32 τε 33 ὥρι-
στος 36 ἔρρεξεν 37 πάρφασις ἤ 42 ἀλλ' εἴ 44 τι 46 νη-
μερτέως

τῇ περ ῥηΐστη βιοτὴ πέλει ἀνθρώποισιν   o4.565
οὐ νιφετός, οὔτ' ἄρ χειμὼν πολὺς οὔτε ποτ' ὄμβρος   o4.566
ἀλλ' αἰεὶ ζεφύροιο λιγὺ πνείοντος ⌜ἀῆται⌝   o4.567 * @
50 παντοίην εὔπρηστον ἀϋτμὴν ἐξανιεῖσιν.   i18.471 *
οὔτε φυτεύουσιν χερσὶν φυτὸν οὔτ' ἀρόωσιν,   o9.108
ἀλλὰ τά γ' ἀσπάρτα καὶ ἀνήροτα πάντα φύονται.   o9.109
πείνη δ' οὔ ποτε δῆμον ἐσέρχεται, οὐδέ τις ἄλλη   o15.407
νοῦσος ἐπὶ στυγερὴ πέλεται δειλοῖσι βροτοῖσιν.   o15.408
55 ἐνθὰ δὲ δένδρεα ⌜καλὰ πεφύκει⌝ τηλεθόωντα   o7.114 @
συκέαι τε γλυκεραὶ καὶ ἐλαῖαι τηλεθόωσαι,   o7.116
ἄλλα τε πόλλ' ἐπὶ ⌜τοῖσι⌝· σὺ δ' ἵλαον ἔνθεο θυμόν.   i9.639 * @
τάων οὔ ποτε καρπὸς ἀπόλλυται οὐδ' ἀπολείπει.   o7.117
τῶν εἴ πως σὺ δύναιο λοχησαμένη ⌜γε λαβέσθαι⌝   o4.388 * @
60 πρῶτον, ἔπειτα δὲ καὐτὴ ὀνήσεαι, αἴ κε ⌜φάγῃσθα⌝   i6.260 * †
θήσει τ' ἀθάνατον καὶ ⌜ἀγήραον⌝ ἤματα πάντα   o5.136 * @
ἄνδρα τε καὶ οἶκον καὶ ὁμοφροσύνην ὀπάσειεν   o6.181 *
ἐσθλήν· οὐ μὲν γὰρ ⌜τοῦδε⌝ κρεῖσσον καὶ ἄρειον   o6.182†
ἢ ὅθ' ὁμοφρονέοντε νοήμασιν οἶκον ἔχητον   o6.183
65 ἀνὴρ ἠδὲ γυνή, πόλλ' ἄλγεα δυσμενέεσσι,   o6.184
χάρματα δ' εὐμενέτῃσι·" μάλιστα δέ τ' ἔκλυον αὐτοῦ.   o6.185 *
Ὣς εἰπὼν ⌜παρέπεισεν⌝, ἐπεὶ διαεπέφραδε πάντα.   i20.340†

περὶ τῆς παρακοῆς

οἶσθα γὰρ οἷος θυμὸς ἐνὶ στήθεσσι γυναικός.   o15.20
τὴν δ' ἄτην οὐ πρόσθεν ἑῷ ἐγκάτθετο θυμῷ   o23.223
69a λυγρήν, ἐξ ἧς πρῶτα καὶ ἡμᾶς ἵκετο πένθος   o23.224
69b ἢ λάθετ' ἢ οὐκ ἐνόησεν· ἀάσατο δὲ μέγα θυμῷ   i9.537
70 αὐτίκα δ' ἥ γ' ἐπέεσσι πόσιν ἐρέεινεν ἕκαστα   o4.137
λισσομένη δειπνῆσαι· ὁ δ' ἠρνεῖτο στοναχίζων·   i19.304 *

55 μακρὰ πεφύκασι 56 συκαῖ Iv 57 τῇσι 59 λελαβέσ-
θαι 60 πίῃσθα 61 ἀγήρων 63 τοῦ γε 67 λίπεν αὐτόθ'
69a et 69b om. Steph

4 EVDOCIA

ἀλλ' ἔτι ⌜που⌝ μέμνητο ἐφετμέων, ἃς ἐπέτελλεν,
ὃς πᾶσι θνητοῖσι καὶ ἀθανάτοισιν ἀνάσσει.
⌜ἡ δ' αἰεὶ⌝ μαλακοῖσι καὶ αἱμυλίοισι λόγοισι
πολλῇσίν τ' ἄτῃσι παρὲκ νόον ἤγαγεν ⌜ἀνδρὸς⌝   75
μεμνῆσθαι πόσιος καὶ ἐδητύος ⌜ὅττι τάχιστα⌝
κουρίδιον κτείνασα πόσιν, στυγερὴ δέ τ' ἀοιδὴ
ἔσσετ' ἐπ' ἀνθρώπους, χαλεπὴν δέ τε φῆμιν ὄπασσεν
θηλυτέρῃσι γυναιξί, καὶ ἥ κ' εὐεργὸς ἔῃσιν,
τῶν αἳ νῦν γεγάασι, καὶ αἳ μετόπισθεν ἔσονται.   80
ὡς οὐκ αἰνότερον καὶ κύντερον ἄλλο γυναικὸς
ἥ τις δὴ τοιαῦτα μετὰ φρεσὶ ἔργα βάληται.
οἷον δὴ καὶ κείνη ἐμήσατο ἔργον ἀεικές,
ἥ μεγὰ ἔργον ἔρεξεν ἀϊδρείῃσι νόοιο
οὐλομένη, ἥ πολλὰ κάκ' ἀνθρώποισιν ⌜ἔθηκε⌝,   85
πολλὰς δ' ἰφθίμους ψυχὰς Ἄϊδι προΐαψεν,
πᾶσι δ' ἔθηκε πόνον, πολλοῖσι δὲ κήδέ' ἐφῆκεν.

περὶ τῆς οἰκονομίας τῆς τῶν ἀνθρώπων σωτηρίας

ἀλλά ⌜γε⌝ οὔ τις τῶν γε τότ' ἤρκεσε λυγρὸν ὄλεθρον·
αὐτῶν γὰρ σφετέρῃσιν ἀτασθαλίῃσιν ὄλοντο.
ἀλλ' αὐτός γ' ἐσάωσε καὶ ἐφράσατο μέγ' ὄνειαρ   90
ὃς πᾶσι θνητοῖσι καὶ ἀθανάτοισι ἀνάσσει,
υἱὸν ἀναστήσας ἀγαπήνορα ⌜λαομέδοντα⌝
ὃς ἤδη τά τ' ἐόντα τά τ' ἐσσόμενα πρό τ' ἐόντα
πατρὸς ἑοῖο φίλοιο, ⌜φρένας⌝ τε καὶ εἶδος ⌜ὁμοῖος⌝
ὅς οἱ πλησίον ἷζε, μάλιστα δέ μιν φίλεεσκεν   95
ἀμφαγαπαζόμενος ὡς εἴ θ' ἑὸν υἱὸν ἐόντα.

72 σεῶν   74 αἰεὶ δὲ   75 Ἕκτωρ   76 ὄφρ' ἔτι μᾶλλον
83 κἀκείνη Iv   84 ἀϊδρῆσι (p. c.) Iv   85 δίδωσι   88 οἱ
92 Λαοδάμαντα   93 ᾔδει Iv   94 δέμας ... ἀγητόν (sine τε)

περὶ τῆς τοῦ πατρὸς συμβουλίας

καί μιν φωνήσας ἔπεα πτερόεντα προσηύδα·   i 1.201
"ἦ ῥά νύ μοί τι πίθοιο, φίλον τέκος, ὅττι κεν εἴπω;   i 14.190
οὐ γάρ τις νόον ᵀἄλλον᙮ ἀμείνονα τοῦδε νοήσει,   i 9.104 @
100 οἷον ἐγὼ νοέω, ἠμὲν πάλαι ἠδ᾿ ἔτι καὶ νῦν.   i 9.105
οἶδα γὰρ ὥς τοι θυμὸς ἐνὶ στήθεσσι φίλοισιν   i 4.360
ἤπια δήνεα οἶδε· τὰ γὰρ φρονέεις ἅ τ᾿ ἐγώ περ.   i 4.361
102a τῶ τοι προφρονέως ἐρέω ἔπος οὐδ᾿ ἐπικεύσω·   i 5.816
οὐχ ὁράᾳς ὅτι δ᾿ αὖτε βροτοὶ ἐπ᾿ ἀπείρονα γαῖαν   i 7.448
                                                            + 446 *
ἡμέας ὑβρίζοντες, ἀτάσθαλα μηχανόωνται,   i 11.695 *
105 βοῦς ἱερεύοντες καὶ ὄϊς καὶ πίονας αἶγας;   o 2.56
οὐκέτ᾿ ἔπειτ᾿ ἐθέλουσιν ᵀἐναίσιμα᙮ ἐργάζεσθαι.   o 17.321 †
οὐ γάρ ᵀτοι᙮ γλυκύθυμος ἀνὴρ ἦν οὐδ᾿ ἀγανόφρων.   i 20.467 †
ᵀοὔ᙮ τις ἔτι πρόφρων ἀγανὸς καὶ ἤπιός ἐστιν   o 2.230 * †
σκηπτοῦχος βασιλεύς, ᵀοὐδὲ᙮ φρεσὶν αἴσιμα εἰδώς,   o 2.231 †
110 ἀλλ᾿ αἰεὶ χαλεπός τ᾿ εἴη, καὶ αἴσυλα ῥέζοι.   o 2.232
λαοὶ δ᾿ οὐκέτι πάμπαν ἐφ᾿ ἡμῖν ἦρα φέρουσιν.   o 16.375
ψεύδοντ᾿, οὐδ᾿ ἐθέλουσιν ἀληθέα μυθήσασθαι.   o 14.125
οὔ τινα γὰρ τίεσκον ἐπιχθονίων ἀνθρώπων,   o 22.414
οὐ κακὸν οὐδὲ μὲν ἐσθλόν, ὅτις σφέας εἰσαφίκοιτο.   o 22.415
115 οὐ γὰρ ξείνους οἵδε μάλ᾿ ἀνθρώπους ἀνέχονται.   o 7.32
ἐκ γάρ τοι τούτων φάτις ἀνθρώπους ἀναβαίνοι   o 6.29 *
ἐσθλή, χαίρουσιν δὲ πατὴρ καὶ πότνια μήτηρ.   o 6.30
οὐδ᾿ ἀγαπαζόμενοι φιλέουσ᾿, ὅς κ᾿ ἄλλοθεν ἔλθῃ.   o 7.33
αἰεὶ ᵀτοῖσιν᙮ δαίς τε φίλη κίθαρίς τε χοροί τε,   o 8.248 *
120 εἵματά τ᾿ ἐξημοιβὰ λοετρά τε θερμὰ καὶ εὐναί.   o 8.249
πάντες δ᾿ εὐχετόωντο κελαινεφέϊ Κρονίωνι,   i 11.761
                                                            + 1.397
τοῖς θ᾿ ὑποταρταρίοις, οἳ Τιτῆνες καλέονται   i 14.279 *
ᵀσχέτλιοι᙮, οὔτε δίκας εὖ εἰδότες οὔτε θέμιστας.   o 9.215 * †

99 ἄλλος   102a om. Steph.   106 ἐναίσιμα Steph, Hom, :
αἰνέσιμα Iv   107 τί   108 μή   109 μηδὲ ἐφ᾿ ἡμῖν ἐπίηρα Iv
123 ἄγριον

6 EVDOCIA

ἄνδρας μὲν κτείνουσι, πόλιν δέ τε πῦρ ἀμαθύνει
τέκνα δέ τ' ἄλλοι ἄγουσι βαθυζώνους τε γυναῖκας, 125
ἀρνῶν ἠδ' ἐρίφων ἐπιδήμιοι ἁρπακτῆρες.
τοῖσιν δ' οὔτ' ἀγοραὶ βουληφόροι οὔτε θέμιστες.
οὐδέ τι ἴσασιν θάνατον καὶ κῆρα μέλαιναν,
ἠέρι καὶ νεφέλῃ κεκαλυμμένοι· οὐδέ ποτ' αὐτοὺς
εἴα ἵστασθαι. χαλεπὸς δέ τις ὤρορε δαίμων 130
δαίμοσιν ἀρήσασθαι, ὑποσχέσθαι δ' ἑκατόμβας.
ἦ δὴ λοίγια ἔργα τάδ' ἔσσεται οὐδ' ἔτ' ἀνεκτά.
ἀλλὰ καὶ ὣς ἐθέλω καὶ ἐέλδομαι ἤματα πάντα
πάντων ἀνθρώπων ῥῦσθαι γενεήν τε τόκον τε,
ὄφρα μὴ ἄσπερμος γενεὴ καὶ ἄφαντος ὄληται. 135
ἀλλ' ἴθι νῦν ⌜μετὰ⌝ λαὸν Ἀχαιῶν, μηδ' ἔτ' ἐρώει
οὐρανόθεν καταβὰς ⌜ἐξ⌝ αἰθέρος ἀτρυγέτοιο.
⌜σοῖσ δ'⌝ ἀγανοῖς ἐπέεσσιν ἐρήτυε φῶτα ἕκαστον.
καὶ δὲ σοὶ αὐτῷ θυμὸς ἐνὶ φρεσὶν ἵλαος ἔστω.
ὡς ἄν μοι τιμὴν μεγάλην καὶ κῦδος ἄρηαι, 140
ἥ τε καὶ ἐσσομένοισι μετ' ἀνθρώποισι πέληται.
σοὶ δὲ αὐτῷ μελέτω, καὶ ἐμῶν ἐμπάζεο μύθων.
⌜εἰ⌝ δέ τοι αὐτίκ' ἰόντι κακὰ φράσσονται ὀπίσσω
ἱέμενοι κτεῖναι, καὶ ἀπὸ κλυτὸν εὖχος ἀμέρσαι.
ἀλλὰ σὺ τούς γ' ἐπέεσσι παραιφάμενος κατέρυκε, 145
σῇ τ' ἀγανοφροσύνῃ καὶ σοῖς ἀγανοῖς ἐπέεσσι.
φθέγγεο δ' ᾗ κεν ἴῃσθα, καὶ ἐγρήγορθαι ἄνωχθι
πάντας κυδαίνων· μηδὲ μεγαλίζεο θυμῷ.
ὡς μὴ πάντες ὄλωνται ὀδυσσαμένοιο τεοῖο.
δῆθα γὰρ αὕτως εἴῃ ἑκάστου πειρητίζων. 150
γνοίης δ' οἵ τινές εἰσιν ⌜ἐναίσιμοι⌝ οἵ τ' ἀθέμιστοι,
ἦε φιλόξεινοι, καί σφιν νόος ἐστὶ θεουδής.
ἦ ῥ' οἵ γ' ὑβρισταί τε καὶ ἄγριοι οὐδὲ δίκαιοι

136 κατὰ **137** δι' **138** σοῖς **143** οἱ ἦσθα Iv **151** ἐναίσιμοι Steph, Hom : αἰνέσιμοι Iv

ἠμὲν ὅπου τις νῶϊ τίει καὶ δείδιε θυμῷ,   o 16.306
155 ἠδ᾽ ὅτις οὐκ ἀλέγει, σὲ δ᾽ ἀτιμᾷ τοῖον ἐόντα.   o 16.307
ἐν δὲ σὺ τοῖσιν ἔπειτα πεφήσεαι οἷα μενοινᾷς.   o 22.217
καί κ᾽ αἰδοιότερος καὶ φίλτερος ἀνδράσιν εἴης   o 11.360 *
αἴ κε θάνῃς καὶ ⌐μοῖραν¬ ἀναπλήσῃς βιότοιο   i 4.170 @
ὧδε γὰρ ἡμέτερόν γε νόον τελέεσθαι ὀΐω.   o 22.215
160 ὃς δ᾽ ἂν ἀμύνων αὐτὸς ἔῃ καὶ ἀμύμονα εἰδῇ,   o 19.332
αἶψα μεταστρέψειε νόον μετὰ σὸν καὶ ἐμὸν κῆρ.   i 15.52
καί οἱ πάντα γένοι το ὅσα φρεσὶν ᾗσι μενοινᾷ.   o 17.355
ὃς δέ κ᾽ ἀνήνηται καί τε στερεῶς ἀποείπῃ   i 9.510
ἡμέας ἀμφοτέρους, μάλα εἰκέλω ἀλλήλοιϊν   o 19.384
165 ἴστω τοῦθ᾽, ὅτι νῶϊν ἀνήκεστος χόλος ἔσται.   i 15.217
αἰεί τοι τούτῳ γε πόνος καὶ κήδε᾽ ὀπίσσω   i 22.488
ἔσσοντ᾽· ἄλλοι γάρ οἱ ⌐ἀπουρήσουσιν¬ ἀρούρας.   i 22.489 @
ἦμαρ δ᾽ ὀρφανικὸν παναφήλικα παῖδα τίθησι.   i 22.490
ἀνδρῶν δ᾽ εἴ πέρ τίς σε βίῃ καὶ κάρτεϊ εἴκων   o 13.143
170 οὔ τι τίει, σοὶ δ᾽ ἐστὶ καὶ ἐξοπίσω τίσις αἰεί.   o 13.144
ἔκ τε καὶ ὀψὲ τελεῖς, σύν τε μεγάλῳ ἀποτίσεις.   i 4.161 *
γνώσετ᾽ ἔπειθ᾽ ὅσον εἰμὶ θεὸς κάρτιστος ἁπάντων,   i 8.17 * †
ὕβριν ἀγασσάμενος θυμαλγέα καὶ κακὰ ἔργα,   o 23.64
τῆσδ᾽ ἀπάτης κοτέων· τὰ μὲν ἔσσεται οὐκ ἀτέλεστα.   i 4.168

περὶ τῆς τοῦ υἱοῦ ὑπακοῆς

175   τόνδ᾽ ἀπαμειβόμενος προσεφώνεε φαίδιμος υἱός,   *o 14.401*
"οὐκ ἔστ᾽ οὐδὲ ἔοικε τεὸν ἔπος ἀρνήσασθαι.   i 14.212 *
τοῖος ἔω οἷός ἐσσι. τὰ ⌐γὰρ¬ φρονέεις ἅ τ᾽ ἐγώ περ.   o 7.312 * †
νῦν δ᾽ ἔτι καὶ μᾶλλον νοέω φρεσὶ τιμήσασθαι.   i 22.235
ὡς δὲ πατὴρ ὃν παῖδα φίλα φρονέων ἀγαπάζῃ   o 16.17
180 γινώσκω, φρονέω. τά γε δὴ νοέοντι κελεύεις.   o 16.136 *

158 πότμον   172 κάρτιστος Steph, Hom : κράτιστος Iv
177 τε

o 1.307† ⌜πάτερ, σύ⌝ μὲν ταῦτα φίλα φρονέων ἀγορεύεις
o 1.308 ὥς τε πατὴρ ᾧ παιδί, καὶ οὔ ποτε λήσομαι αὐτῶν.
o 18.228 αὐτὰρ ἐγὼ θυμῷ νοέω καὶ οἶδα ἕκαστα.
o 23.174† ⌜ὦ πάτερ⌝, οὔτ' ἄρ τι μεγαλίζομαι οὔτ' ἀθερίζω
o 23.175 οὔτε λίην ἄγαμαι, μάλα δ' εὖ οἶδ' οἷος ἔησθα. 185
i 1.554 ἀλλὰ μάλ' εὔκηλος τὰ φράζεαι ἄσσ' ἐθέλησθα.
i 2.361* οὔ τοι ἀπόβλητον ἔπος ἔσσεται, ὅττι κεν εἴπῃς.
i 15.509 ἡμῖν δ' οὔ τις τοῦδε νόος καὶ μῆτις ἀμείνων.
i 3.41* καί κε τὸ βουλοίμην, καί κεν πολὺ κέρδιον ⌜εἴη⌝
o 16.107 τεθνάμεν ἢ τάδε γ' αἰὲν ἀεικέα ἔργ' ὁράασθαι, 190
i 7.52† ⌜εἴπερ μοι καὶ⌝ μοῖρα θανεῖν καὶ πότμον ἐπισπεῖν
i 23.96 πάντα μάλ' ἐκτελέω καὶ πείσομαι ὡς σὺ κελεύεις
o 2.112*† αὐτὸς ᾧ θυμῷ, εἰδῶσι δὲ πάντες ⌜λαοὶ⌝
i 23.611 ὡς ἐμὸς οὔ ποτε θυμὸς ὑπερφίαλος καὶ ἀπηνής.
o 3.232 βουλοίμην δ' ἂν ἔγω γε καὶ ἄλγεα πολλὰ μογήσας, 195
i 15.141 πάντων ἀνθρώπων ῥῦσθαι γενειήν τε τόκον τε.
o 5.190*† καὶ γὰρ ἐμοὶ νόος ἐστὶν ⌜ἐναίσιμος⌝· οὐδέ μοι αὐτῷ
o 5.191 θυμὸς ἐνὶ στήθεσσι σιδήρεος, ἀλλ' ἐλεήμων.
i 1.117 βούλομ' ἐγὼ λαὸν σόον ἔμμεναι ἢ ἀπολέσθαι,
o 16.189* πάσχειν τ' ἄλγεα πόλλα, βίας ὑποδέγμενον ἀνδρῶν. 200
o 19.128 μεῖζόν κε κλέος εἴη ἐμὸν καὶ κάλλιον οὕτω."
o 4.620 ὣς οἱ μὲν τοιαῦτα πρὸς ἀλλήλους ἀγόρευον 201a
i 5.874@ ἀλλήλων ἰότητι, ⌜χάριν δ'⌝ ἄνδρεσσι φέροντες. 201b

περὶ τοῦ εὐαγγελισμοῦ

o 15.458* καὶ τότ' ἄρ' ἄγγελον ἧκεν, ὃς ἀγγείλειε γυναικὶ
i 7.45† βουλήν, ἥ ῥά ⌜τότε σφιν⌝ ἐφήνδανε μητιόωσι.
i 21.299* αὐτὰρ ὁ βῆ, μέγα γάρ ῥα θεοῦ ὤτρυνεν ἐφετμή,

181 ξεῖν' ἤ τοι 184 δαίμονι' 189 ἦεν 190 αἰεὶ Iv 191 οὐ
γάρ πώ τοι 193 Ἀχαιοί 197 ἐναίσιμος Steph, Hom : αἰδέσι-
μος Iv 201a et 201b om. Steph 201b χάριν 202 γυναῖκα
Iv 203 θεοῖσιν

205 ἀντία δεσποίνης φάσθαι καὶ ἕκαστα πυθέσθαι.   o 15.377
καρπαλίμως δ' ἤϊξεν ἐπὶ χθόνα πουλυβότειραν   i 11.118
                                                                  + 619
οὐρανόθεν καταβὰς διὰ αἰθέρος ἀτρυγέτοιο,   i 11.184
                                                                  + 17.425
νύμφῃ εὐπλοκάμῳ εἰπεῖν νημερτέα βουλήν.   o 5.30
βῆ δ' ἴμεν ἐς θάλαμον πολυδαίδαλον, ᾧ ἔνι κούρη   o 6.15
210 ⸢ἕζετ' ἐνὶ⸣ κλισμῷ· ὑπὸ δὲ θρῆνυς ποσὶν ἦεν,   o 4.136†
ἠλάκατα στρωφῶσ' ἁλιπόρφυρα, θαῦμα ἰδέσθαι   o 6.306
ἀδμήτη, τὴν οὔ πω ὑπὸ ζυγὸν ἤγαγεν ἀνήρ.   i 10.293 *
τήν δὲ τότ' ἐν μεγάροισι πατὴρ καὶ πότνια μήτηρ   i 9.561
ἀνδρὶ φίλῳ ⸢ἔπορον⸣· ὁ δέ μιν πρόφρων ὑπέδεκτο,   i 14.504†
                                                                  + 9.480 *
215 οὔτ' εὐνῆς πρόφασιν κεχρημένος οὔτε τευ ἄλλου,   i 19.262
ἀλλ' ἔμεν' ἀπροτίμαστος ἐνὶ κλισίῃσιν ἐῇσιν.   o 19.263 *
οὔ τι γάμου τόσσον κεχρημένος οὐδὲ χατίζων,   o 22.50
ἀλλ' ἄλλα φρονέων, τά οἱ οὐκ ⸢ἀτέλεστα γένοντο⸣.   o 22.51†
ἤ τι ὀϊσσάμενός γ' ἢ καὶ θεὸς ὣς ἐκελεύσεν,   o 9.339
220 μή ποτε τῆς εὐνῆς ἐπιβήμεναι ἠδὲ μιγῆναι,   i 9.133
ἢ θέμις ἀνθρώπων πέλει, ἀνδρῶν ἠδὲ γυναικῶν.   i 9.134
δέσποιναν μὲν πρῶτα κιχήσατο ἐν μεγάροισιν.   o 7.53 *
στῆ δ' αὐτῆς προπάροιθεν ἔπος τ' ἔφατ' ἔκ τ' ὀνόμαζεν   i 14.297
κῆρυξ πεισήνωρ, πεπνυμένα μήδεα εἰδώς,   o 2.38
225 τυτθὸν φθεγξάμενος· τὴν δὲ τρόμος ἔλλαβε γυῖα.   i 24.170 *
"θάρσει ⸢ὦ⸣ γύναι χαρίεσσα,⸣ μηδέ τι τάρβει·   i 24.171†
ἀλλ' ἐμέθεν ξύνες ὦκα· ⸢θεοῦ⸣ δέ τοι ἄγγελός εἰμι,   i 24.133†
⸢ὅς κέν με⸣ προέηκε τεῒν τάδε μυθήσασθαι.   i 11.201†
χαῖρέ μοι, ὦ βασίλεια, διαμπερές, εἰς ὅ κεν ⸢ἔλθοι⸣   o 13.59†
230 ἀνδράσιν ἠδὲ γυναιξὶν ⸢ἐπὶ⸣ χθόνα πουλυβότειραν   o 19.408†
⸢γῆρας⸣ καὶ θάνατος, τά τ' ἐπ' ἀνθρώποισι πέλονται.   o 13.60†
σὸν δ' ἤτοι κλέος ἔσται ὅσον τ' ἐπικίδναται ἠώς.   i 7.458
τοῖς οἳ νῦν γεγάασι καὶ οἳ μετόπισθεν ἔσονται.   o 24.84

210 ἕζετο δ' ἐν   214 ἐλθόντι   218 ἐτέλεσσε Κρονίων
226 Δαρδανίδη Πρίαμε, φρεσί   227 Διός   228 Ζεῦς με πά-
τηρ   229 γῆρας   231 ἔλθῃ

o 11.248† χαῖρε, γύναι ⌜χαρίεσσα·⌝ περιπλομένου δ' ἐνιαυτοῦ
i 19.104 * ἐκφανεῖ, ὃς πάντεσσι περικτιόνεσσιν ἀνάσσει 235
i 19.111 τῶν ἀνδρῶν οἳ σῆς ἐξ αἵματός εἰσι γενέθλης.
o 19.269 * νημερτὲς γάρ τοι μυθήσομαι, οὐδ' ἐπικεύσω,
i 7.458 * τοῦ δή τοι κλέος ἔσσεθ' ὅσον τ' ἐπικίδναται ἠὼς
i 10.213 πάντας ἐπ' ἀνθρώπους, καί οἱ δόσις ἔσσεται ἐσθλή."
o 4.703 ὣς φάτο· τῆς δ' αὐτοῦ λύτο γούνατα καὶ φίλον ἦτορ. 240
o 19.478 ἡ δ' οὔτ' ἀθρῆσαι δύνατ' ἀντίη οὔτε νοῆσαι,
i 1.569 καί ῥ' ἀκέουσα καθῆστο, ἐπιγνάμψασα φίλον κῆρ.
o 19.471 τὴν δ' ἅμα χάρμα καὶ ἄλγος ἕλε φρένα, τὼ δέ οἱ ὄσσε
o 4.705 δακρυόφιν πλῆσθεν, θαλερὴ δέ οἱ ἔσχατο φωνή.
i 24.359 ὀρθαὶ δὲ τρίχες ἔσταν ἐνὶ γναμπτοῖσι μέλεσσι. 245
o 4.706 ὀψὲ δὲ δή μιν ἔπεσσιν ἀμειβομένη προσέειπε·
o 16.91 @ "ὦ φίλ', ἐπεί ⌜δή⌝ μοι καὶ ἀμείψασθαι θέμις ἐστί,
i 24.90 τίπτε με κεῖνος ἄνωγε μέγας θεός; αἰδέομαι δὲ
i 10.293 * ἀδμήτην, ἣν οὔ πω ὑπὸ ζυγὸν ἤγαγεν ἀνήρ.
i 19.90 ἀλλὰ τί κεν ῥέξαιμι; θεὸς διὰ πάντα τελευτᾷ, 250
i 20.243 ὅπως κεν ἐθέλησιν· ὁ γὰρ κάρτιστος ἁπάντων.
o 11.348 * † τοῦτο μὲν οὕτω δὴ ἔστω ἔπος, ⌜ὡς εἴρηκας⌝,
o 23.213 αὐτὰρ μὴ νῦν μοι τόδε χώεο μηδὲ νεμέσσα
o 23.214 οὕνεκά σ' οὐ τὸ πρῶτον, ἐπεὶ ἴδον, ὧδ' ἀγάπησα.
o 23.215 αἰεὶ γάρ μοι θυμὸς ἐνὶ στήθεσσι φίλοισιν 255
o 23.216 ἐρρίγει, μή τίς με βροτῶν ἀπάφοιτ' ἐπέεσσιν
o 23.217† * ἐλθών. πολλοὶ γὰρ κακὰ ⌜κήδεα⌝ ⌜βουλευονται⌝."
cf. o 2.38 τήνδ' ἀπαμειβόμενος προσέφη κήρυξ πεισήνωρ,
o 17.583 "καὶ δέ σοι ὧδ' αὐτῇ πολὺ κάλλιον, ὦ βασίλεια,
o 17.584 οἵην πρὸς ξεῖνον φάσθαι ἔπος ἠδ' ἐπακοῦσαι. 260
o 2.372† θάρσει ⌜μοι⌝· ἐπεὶ οὔ ⌜τι⌝ ἄνευ θεοῦ ἥδε γε βουλή.
o 19.42 σίγα καὶ κατὰ σὸν νόον ἴσχανε μηδ' ἐρέεινε·
o 19.502 * ἀλλ' ἔχε σιγῇ μῦθον, ἐπίτρεψον δὲ ⌜θεῷ περ⌝.

234 φιλότητι 237 om. Iv 247 θήν 252 αἵ κε ἐγώ γε
257 κέρδεα βουλεύσουσιν 261 μαῖα' ... τοι 263 θεοῖσιν

αὐτὰρ ἐγὼ νέομαι· σὺ δὲ τέρπεο τῷδ' ἐνὶ ꞈχώρῳꞈ.   o 13.61†
265 εἶμι μέν, οὐδ' ἅλιον ἔπος ἔσσεται, ὅττι κεν εἴπῃ.   i 24.92
ἀργαλέον, βασίλεια, διηνεκέως ἀγορεῦσαι."   o 7.241
αὐτὰρ ἐπεὶ δὴ πᾶσαν ἐφημοσύνην ἀπέειπε,   o 16.340 *
χάλκεον οὐρανὸν ἷκε δι' αἰθέρος ἀτρυγέτοιο.   i 17.425

περὶ τῆς συλλήψεως καὶ περὶ τοῦ θείου τόκου

αὐτὰρ ὁ αὖτις ἰὼν πάϊς ὣς ὑπὸ μητέρα δύσκεν,   i 8.271
270 ὃς πᾶσι θνητοῖσι καὶ ἀθανάτοισιν ἀνάσσει.   i 12.242
ἀλλ' ὅτε δὴ μῆνές τε καὶ ἡμέραι ἐξετελεῦντο,   o 14.293
αὐτίκ' ἄρ' εἰς εὐρὺ σπέος ἤλυθε ꞈπαρθένος ἁγνήꞈ   o 5.77†
φάτνῃ ἐφ' ἱππείῃ, ὅθι περ ꞈμώνυχεςꞈ ἵπποι   i 10.568†
ἕστασαν ὠκύποδες μελιηδέα πυρὸν ἔδοντες.   i 10.569
275 ἡ δ' ꞈὑποκυσσαμένηꞈ κρατερόφρονα γείνατο παῖδα.   i 14.324†
ἐξάγαγέν ꞈτεꞈ φόωσδε καὶ ἠελίου ἴδεν αὐγάς.   i 16.188†
τῷ δ' οὔ πώ τις ὁμοῖος ἐπιχθόνιος γένετ' ἀνήρ.   i 2.553
καλὸν δ' οὕτω ἐγὼν οὔ πω ἴδον ὀφθαλμοῖσιν,   i 3.169
οὐδ' οὕτω γεραρόν. βασιλῆϊ γὰρ ἀνδρὶ ἔοικε   i 3.170
280 παναπάλῳ οἷοί τε ἀνάκτων παῖδες ἔασι.   o 13.223
τὼς μὲν ἔην μαλακός, λαμπρὸς δ' ἦν ἥλιος ὥς.   o 19.234

περὶ τοῦ ἀστέρος

ἀστὴρ δ' ὣς ἀπέλαμπεν· ἔκειτο δὲ νείατος ἄλλων,   o 15.108
ꞈκάλλεϊꞈ παμφαίνων ὥς τ' ἠλέκτωρ Ὑπερίων.   i 19.398†
αἴγλη δ' οὐρανὸν ἷκε, γέλασσε δὲ πᾶσα περὶ χθών.   i 19.362
285 εὖτ ἀστὴρ ὑπερέσχε φαάντατος, ὅς τε μάλιστα   o 13.93
λαμπρὸν παμφαίνῃσι λελουμένος· Ὠκεανοῖο   i 5.6
δεκνὺς σῆμα βροτοῖσιν· ἀρίζηλοι δέ οἱ αὐγαί.   i 13.244

264 οἴκῳ 272 οὐδέ μιν ἄντην 273 Διομήδεος 275 ῥ'
Ἡρακλῆα 276 πρὸ 283 τεύχεσι

12 EVDOCIA

i 2.318 τὸν μὲν ἀρίζηλον θῆκεν θεός, ὅς περ ἔφηνε
i 6.483 παῖδ' ἐόν· ἡ δ' ἄρα μιν κηώδεϊ δέξατο κόλπῳ
o 23.325 * μήτηρ, ἥ μιν ἔτικτε καὶ ἔτρεφε τυτθὸν ἐόντα,   290
o 5.264 * εἵματά τ' ἀμφιέσαντο θυώδεα καὶ λούσατο·
i 22.370 * ἡ καὶ ἐθηήσατο φυὴν καὶ εἶδος ἀγητόν.
i 16.191† τὸν δ' ὁ γέρων ⌐ἐφύλασσε⌐ καὶ ἔτρεφεν ἠδ' ἀτίταλλεν.

περὶ τῶν προσενεχθέντων τῶν δώρων παρὰ τῶν μάγων

o 8.419† δεξάμενοι δ' ἄρα παῖδες ἀμύμονες ⌐ἁγνοτόκοιο⌐
? δῶρα, τά οἱ φέρον ἀστέρα δερκόμεν' ἀντολίηθεν,   295
o 8.420 μητρὶ παρ' αἰδοίῃ θέσσαν περικαλλέα δῶρα.
i 19.18 *† τέρπετο δ' ἐν χείρεσσιν ⌐ἔχουσά περ⌐ ἀγλαὰ δῶρα
o 23.325 * μήτηρ, ἥ μιν ἔτικτε καὶ ἔτρεφε τυτθὸν ἐόντα
o 4.526† χρυσοῦ δοιὰ τάλαντα· φύλασσε ⌐δὲ ταῦτ' ἐνὶ οἴκῳ⌐
o 15.132 * δεξαμένη, καὶ πάντα ἑῷ θηήσατο θυμῷ.   300

περὶ τῆς τοῦ Ἡρώδου βρεφοκτονίας

o 10.469 ἀλλ' ὅτε δή ῥ' ἐνιαυτὸς ἔην, περὶ δ' ἔτραπον ὦραι,
o 24.413 @ ὅσσα δ' ἄρ ἄγγελος ὦκα κατὰ πτόλιν ⌐ᾤχετο⌐ πάντη,
i 6.166† ⌐δὴ τότε⌐ τόν ⌐γε⌐ ἄνακτα χόλος λάβεν οἷον ἄκουσε.
i 14.389†@ ⌐καί⌐ ῥα τότ' αἰνοτάτην ἔριδα πτολέμοιο ⌐τάνυσσεν⌐
i 2.338 νηπιάχοις, οἷς οὔ τι μέλει πολεμήϊα ἔργα.   305
i 2.39 θήσειν γὰρ ἔτ' ἔμελλεν ἐπ' ἄλγεά τε στοναχάς τε.
o 18.139 πολλὰ δ' ἀτάσθαλ' ἔρεξε βίη καὶ κάρτεϊ εἴκων,
i 1.288 * πάντων μὲν κρατέειν ἐθέλων, πάντεσσι δ' ἀνάσσειν·
i 17.236 * νήπιος· ἦ τε πολέσσιν ἐπ' αὐτῷ θυμὸν ἀπηύρα
i 16.262 *† νηπιάχοις· ξυνὸν δὲ κακὸν πολέεσσιν ⌐ἔθηκε⌐   310

293 Φῦλας εὖ   294 Ἀλκινόοιο   295 δερκόμενοι Iv
297 ἐχὼν θεοῦ Hom, Iv : ἔχουσά περ Iv (superscr.)   299 δ' ὅ
γ' εἰς ἐνιαυτόν   303 ὡς φάτο ... δέ   304 δὴ   310 τιθεῖσι

κτείνας ἐπιστροφάδην· τῶν δὲ στόνος ὤρνυτ' ἀεικής i 10.483 *
ἄορι θεινομένων, ἐρυθαίνετο δ' αἵματι γαῖα. i 10.484
⌐τῷ κέν πως⌐ λαοὶ μὲν ὀδύρονται κατὰ ἄστυ, i 24.740†
ἀρητὸν δὲ τοκεῦσι γόον καὶ πένθος ἔθηκεν. i 24.741 *
315 ἔνθα τίνα πρῶτον, τίνα δ' ὕστατον ἐξενάριξε i 16.692 *
σχέτλιος, ὀβριμοεργός, ὃς οὐκ ὄθετ' αἴσυλα ῥέζων; i 5.403
ὅς ῥ' ἔθελε ⌐κτεῖναι⌐ καὶ ἀπορραῖσαι φίλον ἦτορ, o 16.428 * @
αὐτὸς θνητὸς ἐὼν θεὸν ἄμβροτον. οὐδέ νύ πώ μιν i 22.9 *
ἔγνω ὡς θεός ἐστιν. ὁ δ' ἀσπερχὲς μενέαινε, i 22.10 *
320 τὰ φρονέων ἀνὰ θυμὸν ἅ ῥ' οὐ τελέεσθαι ⌐ἔμελλεν⌐ i 2.36 * @
αὖτις, ἐπεί ῥά τοι ὧδε κακὸς χόλος ἔμπεσε θυμῷ. i 16.206
ἀργαλέος γάρ τ' ἐστι θεὸς βροτῷ ἀνδρὶ δαμῆναι, o 4.397
ὃς θνητός τ' εἴη καὶ ἔδοι Δημήτερος ἀκτήν. i 13.322
τὸν δὲ τότ' ἐν μεγάροισι πατὴρ καὶ πότνια μήτηρ i 9.561 *
325 νυκτὶ κατακρύψασα θοῶς ἐξῆγε πόληος, o 23.372
ὁρμαίνουσ' ⌐εἴ οἱ⌐ θάνατον φύγοι υἱὸς ἀμύμων. o 4.789†
δείδιε γὰρ μὴ λαιμὸν ⌐ἀποτμήξειε⌐ σιδήρῳ i 18.34 @
δεινὸς ἀνήρ. τάχα κεν καὶ ἀναίτιον αἰτιόωτο. i 11.654
τῷ οὔτ' ἄρ φρένες ἦσαν ἐναίσιμοι οὔτε νόημα i 24.40 *
330 γναμπτὸν ἐνὶ στήθεσσι, λέων δ' ὡς ἄγρια οἶδεν. i 24.41
νήπιος, οὐδὲ τὸ οἶδε κατὰ φρένα ⌐καὶ κατὰ θυμόν⌐, i 5.406 @
ὅττι μάλ' οὐ δηναιὸς ὃς ⌐ἀθανάτῳ γε⌐ ⌐μάχοιτο⌐, i 5.407 * @
οὐδέ τί μιν παῖδες ποτὶ γούνασι παππάζουσιν. i 5.408
τοῦ δὲ γυναικὸς μέν τ' ἀμφίδρυφοί εἰσι παρειαί. i 11.393
335 ⌐οὐδὲ γὰρ⌐ οὐδέ ἕ φημι πόδεσσί γε οἷσι κιόντα, i 17.27†
νοστήσαντ' οἰκόνδε φίλην ἐς πατρίδα γαῖαν, i 5.687 *
εὐφρανέειν ἄλοχόν τε φίλην νήπια ⌐τέκνα⌐, i 5.688†
ἀλλ' αἰεί τε ⌐θεοῦ⌐ κρείσσων νόος ἠέ περ ⌐ἀνδρός⌐. i 16.688 * @
ὅς τε καὶ ἄλκιμον ἄνδρα φοβεῖ καὶ ἀφείλετο νίκην. i 17.177

313 τὼ καὶ μιν　317 φθεῖσθαι　320 ἔμελλον　326 εἴ οἱ cor-
rexi pro εἴη Iv　327 ἀπαμήσειε　331 Τυδέος υἱός　332 ἀθα-
νάτοισι　335 ἔμμεναι　337 νήπιον υἱόν　338 Διός

14 EVDOCIA

περὶ τῆς εἰς Αἴγυπτον φυγῆς

ἥδε δέ οἱ κατὰ θυμὸν ἀρίστη φαίνετο βουλὴ   340
Αἴγυπτόνδ' ἰέναι, δολιχὴν ὁδὸν ἀργαλέην τε.
πεμπταῖοι δ' Αἴγυπτον ἐϋρρείτην ⌜ἀφίκοντο⌝
δειδιότες· κρατερὸς γὰρ ἔχε τρόμος ἀνδρὸς ὁμοκλῆ.

περὶ τῆς ἐξ Αἴγυπτου ἐπανόδου

ἀλλ' ὅτε δὴ καὶ ἐκεῖνος ἔβη δόμον Ἄϊδος εἴσω,
ὅς ῥ' ἔθελε ⌜κτεῖναι⌝ καὶ ἀπορραῖσαι φίλον ἦτορ,   345
ἂψ δ' ⌜ἂρ ἀπ⌝ Αἰγύπτοιο, διιπετέος ποταμοῖο,
οἶκον ἐς ὑψόροφον καὶ ἑὴν ἐς πατρίδα γαῖαν
ἔπλεον, ἐστόρεσεν δὲ θεὸς μεγακήτεα πόντον.
αὐτὰρ ὁ θυμὸν ἔχων ὃν καρτερόν, ὡς τὸ πάρος περ,
εὕδεσκ' ἐν λέκτροισιν, ἐν ἀγκαλίδεσσι τιθήνης,   350
εὐνῇ ἔνι μαλακῇ, θαλέων ἐμπλησάμενος κῆρ,
ἔσθων καὶ πίνων, οἷα βροτοὶ ἄνδρες ἔδουσιν,
κάλλεϊ καὶ χάρισι στίλβων. θηεῖτο δὲ κούρη,
μήτηρ, ἥ μιν ἔτικτε καὶ ἔτρεφε τυτθὸν ἐόντα.
καὶ γὰρ θαῦμ' ἐτέτυκτο πελώριον. οὐ ⌜γὰρ⌝ ἐῴκει   355
ἀνδρός γε θνητοῦ πάϊς ἔμμεναι, ἀλλὰ θεοῖο.
οὐ γάρ πω ⌜τοιοῦτον⌝ ἴδε βροτὸν⌝ ὀφθαλμοῖσιν,
οὔτ' ἄνδρ', οὔτε γυναῖκα· σέβας ⌜δ' ἔχεν⌝ εἰσορόωσαν.

περὶ τοῦ προδρόμου

αὐτὰρ ἐπεί ῥ' ἥβης ἐρικυδέος ἵκετο μέτρον,
μηνῶν φθινόντων, περὶ δ' ἤματα πόλλ' ἐτελέσθη,   360
ἷξέν γ' ἐς πεδίον πυρηφόρον, ἔνθα δ' ἔπειτα
κήρυξ πεισήνωρ, πεπνυμένα μήδεα εἰδώς,

342 ἱκόμεσθα   344 κἀκεῖνος Iv   346 εἰς   355 δὲ   358 μ'
ἔχει

πρόσθε μὲν ἐσθλὸς ἔφευγε, δίωκε δέ μιν μέγ᾿ ἀμείνων,   i 22.158
ἀμφότερον κῦδός τε καὶ ἀγλαΐην καὶ ὄνειαρ.   o 15.78
365 τῇ ῥα παραδραμέτην, φεύγων, ὁ δ᾿ ὄπισθε διώκων   i 22.157
ὁπλότερος γενεῇ, ⌜ἀλλὰ⌝ πρότερος καὶ ἀρείων.   o 19.184†
καὶ μέν οἱ κῆρυξ ὀλίγον προγενέστερος αὐτοῦ,   o 19.244
ὃς δὴ κάλλιστος γένετο θνητῶν ἀνθρώπων,   i 20.233
τοῦ καὶ ἀπὸ γλώσσης μέλιτος γλυκίων ῥέεν αὐδή,   i 1.249
370 ὅς τις ἐπίστατο ᾗσιν ἐνὶ φρεσὶν ἄρτια βάζειν.   i 14.92 *
κηρύσσων ⌜βοάασκε⌝ λιγύς περ ἐὼν ἀγορητής.   i 17.325†
+ i 2.246
βῆ δ᾿ ἴμεν εἰς ἀγορὴν, ἅμα δ᾿ ἕσπετο πουλὺς ὅμιλος.   o 8.109 *
⌜πάντας⌝ δ᾿ οὐκ ἂν ἐγὼ μυθήσομαι οὐδ᾿ ὀνομήνω.   i 2.488†
καρπαλίμως δ᾿ ἔπληντο βροτῶν ἀγοραί τε καὶ ἕδραι.   o 8.16
375 τετρήχει δ᾿ ἀγορή, ὑπὸ δὲ στοναχίζετο γαῖα.   i 2.95
οἱ δ᾿ ἐπεὶ οὖν ἤγερθεν ὁμηγερέες τ᾿ ἐγένοντο.   i 1.57
στῆ ⌜ῥα⌝ μέσῃ ἀγορῇ, σκῆπτρον δέ οἱ ἔμβαλε χειρί.   o 2.37†
στὰς δ᾿ ἐν μέσσοισιν ⌜προσεφώνεεν⌝ ἠπύτα κῆρυξ.   i 7.384@
"ἑσταότος μὲν καλὸν ⌜ἀκουέμεν⌝, οὐδὲ ἔοικεν   i 19.79@
380 ὑββάλλειν· χαλεπὸν γὰρ ⌜ἐπιστάμενόν περ ἐόντα⌝.   i 19.80@
ἀνδρῶν δ᾿ ἐν πολλῷ ὁμάδῳ πῶς κέν τις ἀκούσαι,   i 19.81
ἢ εἴποι; βλάβεται δὲ λιγύς περ ἐὼν ἀγορητής..   i 19.82
ἀλλὰ πίθεσθε καὶ ὔμμες, ἐπεὶ πείθεσθαι ἄμεινον.   i 1.274
κέκλυτέ μευ, πάντες μῦθόν τ᾿ εὖ γνῶτε ἕκαστος.   i 19.101 + 84
385 αἰδοῖος νεμεσητὸς ὅ με προέηκ᾿ ⌜ἀγορεῦσαι⌝·   i 11.649†
⌜καί⌝ μοι ἔφη τάδε πάντα τελευτήσεσθαι ὀπίσσω.   o 9.511†
πάντων δ᾿ ἀνθρώπων ἴδεν ἄστεα καὶ νόον ἔγνω.   o 1.3
ἀλλ᾿ αἰεὶ τινὰ φῶτα μέγαν καὶ καλὸν ἐδέγμην   o 9.513
ἐνθάδ᾿ ἐλεύσεσθαι, μεγάλην ἐπιειμένον ἀλκὴν,   o 9.514
390 ὅς μευ φέρτερός ἐστι νοῆσαί τε κρῆναί τε.   o 5.170 * @
πρεσβύτερος ⌜δ᾿ ἐγώ εἰμι⌝· βίη δ᾿ ὅ γε πολλὸν ἀμείνων.   i 11.787 *

366 ὁ δ᾿ ἅμα   371 γήρασκε / i 19.82   373 πληθὺν   377 δὲ
378 μετεφώνεεν   379 ἀκούειν   380 ἐπισταμένῳ περ ἐόντι
385 πυθέσθαι   386 ὅς   387 πολλῶν   391 δὲ σύ ἐσσι

16 EVDOCIA

κρείσσων ⌐γὰρ⌐ ἐμέθεν καὶ φέρτερος οὐκ ὀλίγον περ.
κάρτεΐ τε σθένεΐ τε διακριδόν ἐστιν ἄριστος
σκηπτοῦχός τ' εἴη, καί οἱ πειθοίατο λαοί.
ψεῦδος δ' οὐκ ἐρέει· μάλα γὰρ πεπνυμένος ἐστί.   395
κλῦτέ μευ· αὐτὰρ ἐγὼ ⌐μυθήσομαι⌐ ὡς ἐνὶ θυμῷ
ἀθάνατος βάλλησι καὶ ὡς τελέεσθαι ὀΐω.
καὶ γὰρ ἐκείνῳ φημὶ τελευτηθῆναι ἅπαντα.
εἰ μὲν γάρ τίς μ' ἄλλος ἐπιχθονίων ἐκέλευσεν,
ἢ οἵ μάντιές εἰσι ⌐θυοσκόποι⌐ ἢ ἱερῆες,   400
ψεῦδός κεν φαῖμεν καὶ νοσφιζοίμεθα μᾶλλον·
νῦν δ' αὐτὸς γὰρ ἄκουσα θεοῦ καὶ ἐσέδρακον ἄντην,
καί μοι ἔκαστ' ἐπέτελλεν, ἔϊκτο δὲ θέσκελον αὐτῷ.
τοὔνεκά με προέηκε διδασκέμεναι τάδε πάντα.
τὸν μὲν ἐγὼ δείδοικα καὶ αἰδέομαι περὶ κῆρι.   405
λίην γὰρ κρατερὸς περὶ πάντων ἔστ' ἀνθρώπων.
οὐ γάρ πώ τινά φημι ἐοικότα ὧδε ἰδέσθαι,
ὅσσος ἔην οἷός τε· θεῷ γὰρ ἄντα ἐῴκει.
τῷ μή τίς ποτε πάμπαν ἀνὴρ ἀθεμίστιος εἴη,
πειθόμενος τεράεσσι θεῶν καὶ Ζηνὸς ἀρωγῇ,   410
μή πώς τοι μετόπισθε κοτεσσάμενος χαλεπήνῃ.
μὴ πολύπικρα καὶ αἰνὰ βίας ἀποτίσσεται ἐλθών.
νημερτέως γάρ τοι μυθήσομαι οὐδ' ἐπικεύσω.
αἶψά κε σὺν ᾧ ⌐πατρὶ⌐ βίας ἀποτίσσεται ⌐ἐλθὼν⌐
ἀθάνατος. οἱ δ' αὖτ' ἀνεμώλιοι οἳ τὸ πάρος περ   415
χρυσῷ τ' ἠλέκτρῳ τε ⌐κεκασμένοι⌐ ἠδ' ἐλέφαντι.
αἶψά κε σὺν ᾧ ⌐πατρὶ⌐ βίας ἀποτίσσεται ἀνδρῶν
οἳ βίῃ εἰν ἀγορῇ σκολιὰς κρίνωσι θέμιστας,
ἐκ δὲ δίκην ἐλάσωσι, θεοῦ ὄπιν οὐκ ἀλέγοντες.
⌐ὅς⌐ σφεας τίσεται ἱκετήσιος, ὅς τε καὶ ἄλλους   420

392 εἰς   396 μαντεύσομαι   400 θυοσκόοι   414 παιδὶ   416 κε-
κασμενοι   Iv : πεπυκασμενοι   Steph : καὶ   ἀργύρου   Hom
417 παιδὶ   420 Ζεύς

ἀνθρώπους ἐφορᾷ καὶ τίνυται ὅς τις ἁμάρτοι,   o 13.214 *
τῆσδ' ἀπάτης κοτέων· τὰ μὲν ἔσσεται οὐκ ἀτέλεστα.   i 4.168
ἀλλὰ πίθεσθε καὶ ὕμμες, ἐπεὶ πείθεσθαι ἄμεινον.   i 1.274
ἦ γὰρ ὀΐομαι ἄνδρα χολωσέμεν, ὃς μέγα πάντων   i 1.78
425 ⌜ἀνθρώπων⌝ κρατέει καί οἱ πείθονται ⌜ἅπαντες⌝.   i 1.79†
ἦ μέν τοι τάδε πάντα τελείεται ὡς ἀγορεύω.   o 14.160
οὔ πω πᾶν εἴρητο ἔπος ὅτ' ἄρ' ἤλυθεν αὐτός,   i 10.540 *
ὃς πᾶσι θνητοῖσι καὶ ἀθανάτοισιν ἀνάσσει,   i 12.242
⌜ἀνέρι⌝ εἰδόμενος κούρῳ αἰσυμνητῆρι.   i 13.69†
                                                      + 24.347
430 τὸν δ' ἐξ ἀγχιμόλοιο ἰδὼν ἐφράσσατο κῆρυξ,   i 24.352
ἤϋσεν δὲ διαπρύσιον ⌜μεροπέσσι⌝ γεγωνώς.   i 8.227†
ἐγγὺς ἀνήρ, οὐ δηθὰ ματεύσομεν, αἴ κ' ἐθέλητε   i 14.110
ἐκφυγέειν θάνατόν τε κακὸν καὶ κῆρα μέλαιναν.   i 21.66
⌜ἀλλὰ γὰρ⌝ οὐδέ τίς οἱ δύναται μένος ἰσοφαρίζειν.   i 6.101†
435 αὐτὸς δ', αἴ κ' ἐθέλησιν ἰήσεται, οὐδέ τις ἄλλος."   o 9.520
ὣς εἰπὼν ὤτρυνε μένος καὶ θυμὸν ἑκάστου.   i 5.470
κύσσε δέ μιν περιφὺς ἐπιάλμενος ἠδὲ προσηύδα,   o 24.320
"ὦ φίλ', ἐπεὶ νόστησας ἐελδομένοισι μάλ' ἡμῖν,   o 24.400
438a πολλὰ μαλ' εὐχομένοισι καὶ ἐλπομένοισιν ἰδέσθαι,   ?
οὐλέ τε καὶ ⌜μέγα⌝ χαῖρε, θεὸς δέ τοι ὄλβια δοίη."   o 24.402 * @

περὶ τοῦ θείου βαπτίσματος

440 ὣς εἰπὼν ὁ μὲν ἦρχ', ὁ δ' ἅμ' ἕσπετο ἰσόθεος φώς.   i 11.472
ἐς ποταμὸν δ' εἰλῦντο βαθύρροον ἀργυροδίνην.   i 21.8
ἀλλ' ὅτε δὴ πόρον ἷξον ἐϋρρεῖος ποταμοῖο,   i 14.433
ὃς πολὺ κάλλιστα ποταμῶν ἐπὶ γαῖαν ἵησι,   o 11.239 *
⌜καί μιν⌝ ἀποπρὸ φέρων λοῦσεν ποταμοῖο ῥοῇσι,   i 16.679†
445 κρύπτων ἐν δίνῃσι βαθείῃσιν μεγάλῃσι,   i 21.239
αὐτὸς δ' ἀργύρεον φᾶρος μέγα ἕννυτο ⌜θεῖον⌝,   o 5.230 * †

421 τίννυται Iv   425 Ἀργείων ... Ἀχαιοί   429 μάντει
431 Δαναοῖσι   434 μαίνεται   438a om. Steph   439 μάλα
444 πολλὸν   446 νύμφη

18 EVDOCIA

o5.231 λεπτόν, καὶ χάριεν, περὶ δὲ ζώνην βάλετ' ἰξυῖ.
i24.340 αὐτίκ' ἔπειθ' ὑπὸ ποσσὶν ἐδήσατο καλὰ πέδιλα.

περὶ τῆς τοῦ ἁγίου πνεύματος καθόδου ἐν εἴδει περιστερᾶς

cf. o6.210 ἦμος δ' ἄρ' ὅ γ' ἐλούσατο ἐν ποταμῷ βαθυδίνῃ,
o6.228   ἀμφὶ δὲ εἵματα ἕσσαθ' ἅ οἱ πόρε πάρθενος ἀδμής,   450
i15.371   εὔχετο, χεῖρ' ὀρέγων εἰς οὐρανὸν ἀστερόεντα,
i23.874†@ ὕψι δ' ⌜ὑπαὶ⌝ νεφέων ⌜ἴδετο⌝ τρήρωνα πέλειαν.
i19.362   αἴγλη δ' οὐρανὸν ἷκε, γέλασσε δὲ πᾶσα περὶ χθών.
i21.382   ἄψορρον δ' ἄρα κῦμα κατέσσυτο καλὰ ῥέεθρα.

περὶ τῆς κλήσεως τῶν ἀποστόλων

o9.195†* ⌜καὶ τότε δὴ⌝ κρῖνέν γ' ἑτάρων δυοκαίδεκ' ἀρίστους   455
o5.67*   εἰναλίους, οἷσίν τε θαλάσσια ἔργα μεμήλεν,
i18.376   ὄφρά οἱ αὐτόματοι θεῖον δυσαίατ' ἀγῶνα.
i9.498   τῶν περ καὶ μείζων ἀρετὴ τιμή τε βίη τε.
i12.103   οἱ γάρ οἱ εἴσαντο διακριδὸν εἶναι ἄριστοι
i12.104   τῶν ἄλλων μετά γ' αὐτόν· ὁ δ' ἔπρεπε καὶ διὰ πάντων. 460
o9.334   οἱ δ' ἔλαχον τοὺς ἄν κε καὶ ἤθελεν αὐτὸς ἑλέσθαι.
o5.36†* οἱ ⌜δή⌝ μιν περὶ κῆρι θεὸν ὣς τιμήσαντο.
o17.386   οὗτοι γὰρ κλητοί γε βροτῶν ἐπ' ἀπείρονα γαῖαν
i9.501   λισσόμενοι, ὅτε κέν τις ὑπερβήῃ καὶ ἁμάρτῃ.
i9.509@   τὸν δὲ μέγ' ὤνησαν καί τ' ἔκλυον ⌜εὐξαμένοιο⌝.   465
i10.302   τοὺς ὅ γε συγκαλέσας πυκινὴν ἠρτύνετο βουλήν.

περὶ τῆς διδαχῆς τοῦ Χριστοῦ

o18.351   "κέκλυτέ μευ, μνηστῆρες ἀγακλειτῆς βασιλείης,
o18.352   ὄφρ' εἴπω τά με θυμὸς ἐνὶ στήθεσσι κελεύει.

452 ὑπὸ   455 αὐτὰρ ἐγὼ   462 κέν

οὐ γὰρ ἀπείρητος ⌈μυθήσομαι⌉, ἀλλ' ἐὺ εἰδώς   o 2.170†
470 τέκμωρ. οὐ γὰρ ἐμὸν παλινάγρετον οὐδ' ἀπατηλὸν   i 1.526
οὐδ' ἀτελεύτητον, ὅ τί κεν κεφαλῇ κατανεύσω.   i 1.527
οὔτε τι μάντις ἐὼν οὔτ' οἰωνῶν σάφα εἰδώς,   o 1.202
αὐτὰρ ἐγὼ μεγάλου θεοῦ εὔχομαι ἔμμεναι υἱός.   cf. i 21.87
πατρὸς δ' εἴμ' ἀγαθοῖο, θεὸς δέ με γείνατο ⌈πατὴρ⌉   i 21.109 * †
475 ἤπιος, ὃς δή τοι παρέχει βρῶσίν τε πόσιν τε,   o 15.490 *
ξείνιος, ὅς τε μάλιστα νεμεσσᾶται κακὰ ἔργα.   o 14.284 *
τοῦ ⌈περ⌉ ἐγὼ πάϊς εἰμί, πατὴρ δ' ἐμὸς εὔχεται εἶναι.   o 9.519†
τούνεκά με προέηκε διδασκέμεναι τάδε πάντα   i 9.442
σήμαθ', ἅ δὴ καὶ νῶϊ κεκρυμμένα ἴδμεν ἀπ' ἄλλων.   o 23.110
480 ἴδμεν δ' ὅσσα γένηται ἐπὶ χθονὶ πουλυβοτείρῃ,   o 12.191
μοίρην τ' ἀμμορίην τε καταθνητῶν ἀνθρώπων.   o 20.76

περὶ τῆς ἁγίας τριάδος

ἀλλὰ πίθεσθε καὶ ὕμμες, ἐπεὶ πείθεσθαι ἄμεινον   i 1.274
ἡμῖν, οὕνεκα πομποὶ ἀπήμονές εἰμεν ἁπάντων   o 13.174
τρεῖς, ἀμφιστρεφέες, ἑνὸς αὐχένος ἐκπεφυῶτες,   i 11.40 *
485 ἥλικες ἰσοφόροι, τῶν τε σθένος οὐκ ἀλαπαδνόν,   o 18.373
τῶν περ καὶ μείζων ἀρετὴ τιμή τε βίη τε.   i 9.373

περὶ τῆς ἀναστάσεως

ἀλλ' ἄγεθ', ὡς ἂν ἐγὼ εἴπω, πειθώμεθα πάντες.   o 13.179
ὧδε γὰρ ἐξερέω, τὸ δὲ καὶ τετελεσμένον ἔσται.   i 1.212
⌈οἶδ', οἵ κεν⌉ τεθνᾶσι καὶ εἰν Ἀΐδαο δόμοισι,   o 15.350†
490 αὖθις ἀναστήσονται ὑπὸ ζόφου ἠερόεντος,   i 21.56
πάντες ὁμηγερέες, ἠμὲν νέοι ἠδὲ γέροντες.   i 2.789
ἔσσεται ἢ ἠὼς ἢ δείλη ἢ μέσον ἦμαρ,   i 21.111
οὔ τοι ἀπόβλητόν γ' ἔπος ἔσσεται, ὅττι κεν εἴπω,   i 2.361

469 μαντεύσομαι   **474** μήτηρ   **477** γὰρ   **489** ἢ ἤδη

o 11.218 @	ἀλλ᾽ αὕτη δίκη ἐστὶ βροτῶν. ὅτε ⌜κέν τε θάνωσιν⌝,
i 23.497†	⌜ἄψ᾽ ἀναστήσονται⌝. τότε δὲ γνώσεσθε ἕκαστος 495
o 22.374	ὡς κακοεργίης εὐεργεσίη μέγ᾽ ἀμείνων.
i 13.278	ἔνθ᾽ ὅ τε δειλὸς ἀνὴρ ὅς τ᾽ ἄλκιμος ἐξεφαάνθη·
o 6.158	κεῖνος δ᾽ αὖ περὶ κῆρι μακάρτατος ἔξοχον ἄλλων,
i 10.307	ὅς τίς κεν τλαίη, οἵ τ᾽ αὐτῷ κῦδος ἄροιτο.
o 19.332†	ὃς ⌜μὲν⌝ ἀμύμων αὐτὸς ἔῃ, καὶ ἀμύμονα εἰδῇ, 500
o 19.333	τοῦ μέν τε κλέος εὐρὺ διὰ ξεῖνοι φορέουσι
o 19.334	πάντας ἐπ᾽ ἀνθρώπους, πολλοί τέ μιν ἐσθλὸν ἔειπον.
o 19.329†	ὃς ⌜δὲ⌝ ἀμηνὴς αὐτὸς ἔῃ καὶ ἀπηνέα εἰδῇ
i 9.512	τῷ ἄτην ἅμ᾽ ἕπεσθαι, ἵνα βλαφθεὶς ἀποτίσῃ.
o 19.330	τῷ δὲ καταρῶνται πάντες βροτοὶ ἄλγε᾽ ὀπίσσω 505
o 19.331	ζωῷ, ἀτὰρ τεθνεῶτί γ᾽ ἐφεψιόωνται ἅπαντες.
cf. i 18.273	εἰ δ᾽ ἂν ἐμοῖς ἐπέεσσι πιθοίατο ὡς ἀγορεύω,
o 8.563	οὔτε τι πημανθῆναι ἔπι δέος οὔτ᾽ ἀπολέσθαι.
i 18.266 @	ἀλλ᾽ ἴομεν ⌜ποτὶ⌝ ἄστυ, πίθεσθέ μοι· ὧδε γὰρ ἔσται.
o 10.425†	αὐτοὶ δ᾽ ὀτρύνεσθε ἐμοὶ ⌜ἅμα πάντες⌝ ἕπεσθαι. 510
i 23.415	ταῦτα δ᾽ ἐγὼ αὐτὸς τεχνήσομαι ἠδὲ νοήσω."

περὶ τοῦ ἀκολουθοῦντος ὄχλου

i 13.833	ὣς ἄρα φωνήσας ἡγήσατο, τοὶ δ᾽ ἅμ᾽ ἕποντο
i 13.834	ἠχῇ θεσπεσίῃ· ἐπὶ δ᾽ ἴαχε λαὸς ὄπισθεν
i 13.82† *	⌜χάρματι⌝ γηθόσυνοι, τό σφιν θεὸς ἔμβαλε θυμῷ.
o 17.550	τοῦ δ᾽ ἄμοτον μεμάασιν ἀκουέμεν ὁππότ᾽ ἀείδη 515
o 8.173 *	ἐρχόμενον δ᾽ ἀνὰ ἄστυ θεὸν ὣς εἰσορόωντο
o 8.551†	⌜πάντες⌝ θ᾽ οἳ κατὰ ἄστυ καὶ οἳ περιναιετάεσκον.
i 13.492	λαοί ἔπονθ᾽, ὡς εἴ τε μετὰ κτίλον ἕσπετο μῆλα,
i 8.518 *	παῖδες πρωθῆβαι πολιοκρόταφοί τε γέροντες.

494 τίς κε θάνησιν   495 ἐνθάδ᾽ ἐλεύσονται   500 δ᾽ ἂν
503 μὲν   506 γ᾽ deest in Iv   509 προτὶ   510 ἅμα πάντες Hom,
Steph : ἅπαντες Iv   514 χάρμῃ   515 ἀείδει Iv   517 ἄλλοι

520 ἦλθον ἔπειθ᾽ ὅσα φύλλα καὶ ἄνθεα γίνεται ⌜ἦρος⌝   o 9.51@
χωλοί τε ῥυσσοί τε παραβλῶπές τ᾽ ὀφθαλμῶν.   i 9.503 *
ἄλλη δ᾽ ἄλλων γλῶσσα πολυσπερέων ἀνθρώπων.   i 2.804
⌜πάντας⌝ δ᾽ οὐκ ἂν ἐγὼ μυθήσομαι οὐδ᾽ ὀνομήνω.   i 2.488†
ἀλλήλους τ᾽ εἴροντο τίς εἴη καὶ πόθεν ἔλθοι.   o 17.368
525 καὶ γὰρ θαῦμ᾽ ἐτέτυκτο πελώριον, οὐδὲ ἐῴκει   o 9.190
ἀνδρός γε θνητοῦ πάϊς ἔμμεναι, ἀλλὰ θεοῖο.   i 24.259
τετρήχει δ᾽ ἀγορή, ὑπὸ δ᾽ ἐστοναχίζετο γαῖα.   i 2.95

περὶ τοῦ ἐν Κανᾷ γάμου

⌜βῆ δ᾽ ἴμεναι πρότερος⌝, ἑτέρηφι δὲ λάζετο Πέτρον,   i 16.734†
ὅς οἱ ⌜κύδιστος⌝ ἑτάρων ἦν κεδνότατός τε.   o 10.225 * @
530 σεύατ᾽ ἔπειτ᾽ ἀνὰ ἄστυ, ποσὶ κραιπνοῖσι πεποιθώς.   i 6.505
τὸν δ᾽ ἄρα πάντες λαοὶ ἐπερχόμενον θηεῦντο,   o 17.64
οὕνεκ᾽ ἄριστος ἔην, πολὺ δὲ πλείστους ἄγε λαούς.   i 2.580
ἀλλ᾽ ὅτε δὴ βασιλῆος ἀγακλυτὰ δώμαθ᾽ ἵκοντο,   o 7.46
καρπαλίμως ὑπὲρ οὐδὸν ἐβήσετο δώματος εἴσω.   o 7.135
535 τὸν δ᾽ εὗρεν δαινύντα γάμους πολλοῖσιν ἔτησιν   o 4.3 *
υἱέος ἠδὲ θυγατρὸς ἀμύμονος ᾧ ἐνὶ οἴκῳ.   o 4.4
ἢ γὰρ οἱ ζωή γ᾽ ἦν ἄσπετος· οὔ τινι τόσση.   o 14.96
νύμφας δ᾽ ἐκ θαλάμων δαΐδων ὕπο λαμπομενάων,   i 18.492
ἠγίνεον ἀνὰ ἄστυ, πολὺς δ᾽ ὑμέναιος ὀρώρει   i 18.493
540 ἀνδρῶν παιζόντων καλλιζώνων τε γυναικῶν   o 23.147
τοῖσιν δὲ μέγα δῶμα περιστοναχίζετο ποσσίν.   o 23.146
κοῦροι δ᾽ ὀρχηστῆρες ἐδίνεον, ἐν δ᾽ ἄρα τοῖσιν   i 18.494
αὐλοὶ φόρμιγγές τε βοὴν ἔχον· αἱ δὲ γυναῖκες   i 18.495
μολπῆς ἐξάρχουσαι ἐδίνευον κατὰ μέσσας,   o 4.19 *
545 ὅσσαι ἀριστήων ἄλοχοι ἔσαν ἠδὲ θύγατρες.   o 11.227
πληθὺν δ᾽ οὐκ ἂν ἐγὼ μυθήσομαι οὐδ᾽ ὀνομήνω.   i 2.488
ἱστάμεναι θαύμαζον ἐπὶ προθύροισιν ἑκάστη.   i 18.496

    523 πληθὺν   528 σκαιῇ ἔγχος ἔχων   529 κήδιστος   537 γ᾽
    deest in Iv

22   EVDOCIA

ταῖσιν δ' ἐν μέσσῃσι πάϊς φόρμιγγι λιγείῃ
ἱμερόεν κιθάριζε, λίνον δ' ὑπὸ καλὸν ἄειδε.
ἄστυδ' ἀφ' ὑψηλῶν ὀρέων καταγίνεον ὕλην.   550
ἐκ ⌜πεδίων⌝ δ' ⌜ἄξαντο⌝ βόας καὶ ἴφια μῆλα
καρπαλίμως, οἶνον δὲ μελίφρονα οἰνίζοντο,
σῖτόν τ' ἐκ μεγάρων, ἐπὶ δὲ ξύλα πολλὰ λέγοντο
δαιτρεύειν, μή τίς οἱ ἀτεμβόμενος κίοι ἴσης,
⌜ἄστῳ⌝ τε κρέασίν τε ἰδὲ πλείοις δεπάεσσι.   555
πολλοὶ μὲν βόες ἀργοὶ ὀρέχθοντ' ἀμφὶ σιδήρῳ
σφαζόμενοι, πολλαὶ δ' ὄιες καὶ μηκάδες αἶγες·
πολλοὶ δ' ἀργιόδοντες ὕες, θαλέθοντες ἀλοιφῇ,
εὑόμενοι τανύοντο διὰ φλογὸς Ἡφαίστοιο.
οἱ δ' ἤδη μοίρας τ' ἔνεμον κερόωντό τε οἶνον,   560
⌜στήσαντες⌝ κρητῆρας ἐπιστεφέας οἴνοιο.
ἔνθα φίλ' ὀπταλέα κρέα ἔδμεναι ἠδὲ κύπελλα
οἴνου πινέμεναι μελιηδέος, ὄφρ' ἐθέλητον.
κήρυκες δ' αὐτοῖσι καὶ ὀτηροὶ θεράποντες
δεξάμενοι κατέθεντο πόσιν καὶ βρῶσιν ἅπασαν.   565
οἱ μὲν ἄρ' οἶνον ἔμισγον ἐνὶ κρητῆρσι καὶ ὕδωρ,
οἱ δ' αὖτε σπόγγοισι πολυτρήτοισι τραπέζας
νίζον καὶ ⌜προτίθεντο⌝ ἰδὲ⌝ κρέα πολλὰ δατεῦντο.
οἱ δ' ἦγον μὲν μῆλα, φέρον δ' εὐήνορα οἶνον.
οἱ δ' ἐπ' ὀνείαθ' ἑτοῖμα προκείμενα χεῖρας ἴαλλον.   570
οἱ δὲ ἕως μὲν σῖτον ἔχον καὶ οἶνον ἐρυθρόν,
δαίνυντ'· οὐδέ τι θυμὸς ἐδεύετο δαιτὸς ἐίσης.
δαιτυμόνες δ' ἀνὰ δώματ' ἀκουάζονται ἀοιδοῦ,
πίνοντες καὶ ἔδοντες· ἐπηετανὸν γὰρ ἔχεσκον
δαίνυνθ' ἑζόμενοι· ἐπὶ δ' ἀνέρες ἐσθλοὶ ὄροντο   575
οἶνον οἰνοχοεῦντες ἐνὶ χρυσέοις δεπάεσσιν.
ὣς οἱ μὲν δαίνυντο καθ' ὑψερεφὲς μέγα δῶμα.

551 πόλιος ... ἄξοντο   555 ἔδρῃ   561 πίνοντες   563 πιέμε-
ναι Iv   568 προτίθεν τοὶ δὲ   573 ἀκουάζοντες Iv   576 ἐοι-
νοχοεῦντες Iv

πολλὸς δ' ἱμερόεντα χορὸν περίισταθ' ὅμιλος   i 18.603
τερπόμενοι· μετὰ δέ σφιν ἐμέλπετο θεῖος ἀοιδὸς   o 4.17
580 φορμίζων· δοιὼ δὲ κυβιστητῆρε κατ' αὐτοὺς   o 4.18
μολπῆς ἐξάρχοντες ἐδίνευον κατὰ μέσσους.   o 4.19
ἔνθα μὲν ἠΐθεοι καὶ παρθένοι ἀλφεσίβοιαι   i 18.593
ὠρχεῦντ', ἀλλήλων ἐπὶ καρπῷ χεῖρας ἔχοντες.   i 18.594
τῶν δ' αἱ μὲν λεπτὰς ὀθόνας ἔχον, οἱ δὲ χιτῶνας   i 18.595
585 εἴατ' ἐϋννήτους, ἧκα στίλβοντας ἐλαίῳ.   i 18.596
⌜ἦμος⌝ δ' ἐκ κεράμων μέθυ πῖνον τοῖο ⌜ἄνακτος⌝,   i 9.469† *
οἶνον δὲ φθινύθοντες, ὑπέρβιον ἐξαφύοντες,   o 14.95 *
ἔνθά οἱ ἠπιόδωρος ἐναντίον ἤλυθε μήτηρ,   i 6.251 *
ἔν τ' ἄρα οἱ φῦ χειρὶ ἔπος τ' ἔφατ' ἔκ τ' ὀνόμαζεν·   i 14.232
590 ⌜τέκνον⌝, ἐπεί τοι δῶκε θεὸς μέγεθός τε βίην τε   i 7.288†
οἶνον ἐν ἀμφιφορεῦσι δυώδεκα πᾶσιν ἀφύσσας,   o 9.204
δαίνυ δαῖ τα γέρουσιν· ἔοικέ τοι, οὔ τοι ἀεικές,   i 9.70
ὡς ἄν μοι τιμὴν μεγάλην καὶ κῦδος ἄροιο,   i 16.84 *
ἥ τε καὶ ἐσσομένοισι μετ' ἀνθρώποισι πέληται.   i 3.287
595 πᾶσά τοί ἐσθ' ὑποδεξίη, πολέεσσι δ' ἀνάσσεις.   i 9.73
ἐν δὲ κρητῆρές τε καὶ ἀμφιφορῆες ἔασι,   o 13.105
ἐν δ' ὕδατ' ἀενάοντα· δύω ⌜τέ οἱ⌝ θύραι εἰσίν.   o 13.109
ἀλλ' ἄγε μοι τόδε εἰπέ, τί τοι φρεσὶν εἴδεται εἶναι;"   i 24.197
ὣς φάτο. τὴν δ' ἀπαμειβόμενος προσέειπεν ἔπεσσι,   cf. o 16.193
600 "τέτλαθι, μῆτερ ἐμή, καὶ ἀνάσχεο κηδομένη περ.   i 1.586
αἰνῶς γάρ μ' αὐτόν γε μένος καὶ θυμὸς ⌜ἱκάνει⌝.   i 24.198†
τοιγὰρ ἐγώ τοι, μῆτερ, ἀληθείην καταλέξω.   o 17.108
ὥρη μὲν πολέων μύθων, ὥρη δὲ καὶ ⌜ἔργων⌝."   o 11.379†
αὐτὰρ ὁ κηρύκεσσι λιγυφθόγγοισι κέλευσε,   i 2.50
605 "καρπαλίμως μοι, τέκνα φίλα, κρήηνατ' ἐέλδωρ.   o 3.418†
ἔρχεσθε κρήηνδε, καὶ οἴσετε θᾶσσον ἰόντες   o 20.154 *
⌜ὕδωρ ἐκ πηγῶν⌝, ὅθεν ὑδρεύονται πολῖται."   o 7.131†

586 πολλὸν ... γέροντος   587 φθινύθοντες Hom : φθινίσκοντες Iv   590 Αἶαν   597 τέ οἱ deest in Iv   601 ἄνωγε   603 ὕπνου   605 τέκνα φίλα Hom : φίλα τέκνα Iv   607 πρὸς δόμον ὑψηλόν

24 EVDOCIA

περὶ τοῦ παραλύτου

616 κρίνων 617 δ' 634 ἤδη om. Iv

οἵη περ πάρος ἔσκεν ἐνὶ γναμπτοῖσι μέλεσσιν.   o 11.394
οὐδ' ὀρθὸς ⌜δύνατο στῆναι⌝ ποσὶν οὐδὲ νέεσθαι   o 18.241 * @
οἴκαδ', ὅπη οἱ νόστος, ἐπεὶ φίλα γυῖα λέλυνται.   o 18.242
⌜κεῖτο δ'⌝ ἄσιτος, ἄπαστος ἐδητύος ἠδὲ ποτῆτος.   o 4.788†
640 οὔ πώ μίν φασιν φαγέμεν καὶ πιέμεν αὔτως,   o 16.143
οὐδ' ἐπὶ ἔργα ἰδεῖν, ἀλλὰ στοναχῇ τε γόῳ τε   o 16.144
⌜κεῖτο⌝ ὀδυρόμενος φθινύθει δ' ἀμφ' ὀστεόφι χρώς.   o 16.145†
ἀλλ' ὅτε δὴ γίνωσκε θεοῦ γόνον ⌜αἰὲν⌝ ἐόντα,   i 6.191†
ἐρχόμενον προπάροιθεν ὁμίλου μακρὰ ⌜βιβῶντα⌝,   i 3.22 @
645 τὸν μὲν ἔπειθ' ὑποδύντε δύω ἐρίηρες ἑταῖροι,   i 8.332
⌜αὐτοῦ κεν⌝ προπάροιθε ποδῶν ⌜βάλον⌝ ἐν κονίῃσι.   i 13.205†
δάκρυά ⌜τ'⌝ ἔκβαλε ⌜πολλά⌝· ἔπος δ' ὀλοφυδνὸν ἔειπεν   o 19.362†
[νειόθεν ἐκ κραδίης· οὐδ' ἐν μέσσοισιν ἀναστάς.]   i 10.10 + i 19.77
καί μιν φωνήσας ἔπεα πτερόεντα προσηύδα,   o 18.104
650   "αὔδα ὅ τι φρονέεις· τελέσαι δέ με θυμὸς ἄνωγεν."   o 5.89
ἐξαῦτις ⌜δ'⌝ ἐπέεσσιν⌝ ἀμειβόμενος προσέειπεν.   o 21.206†
"κλῦθί μοι, ὃς χθιζὸς θεὸς ἤλυθες. οὐ γὰρ ἐμοὶ ἴς   o 2.262† + i 11.668 *
ἔσθ' οἵη πάρος ἔσκεν ἐνὶ γναμπτοῖσι μέλεσσιν.   i 11.669
οὐ γὰρ ἔτι σάρκας τε καὶ ὀστέα ἶνες ἔχουσι,   o 11.219
655 καὶ μένος οὐ τόσον ἦσιν ἐνὶ στήθεσσιν ἐμοῖσι.   i 19.202
ἔτλην δ' οἷ' οὔ πώ τις ἐπιχθόνιος βροτὸς ἄλλος.   i 24.505
σοὶ γὰρ ἐγὼ καὶ ἔπειτα διαμπερὲς ἤματα πάντα   i 16.498 + 499
εὔχομαι ὥς τε θεῷ καί σευ φίλα γούναθ' ἱκάνω,   o 13.231
πολλὰ παθών· νῦν αὖ με τεῆς ἐν χερσὶν ἔθηκα.   i 21.82 *
660 αὐτὸς δ', αἴ κ' ἐθέλῃς, ἰήσεαι, οὐδέ τις ἄλλος·   o 9.520 *
γῆρας ἀποξύσας θήσει νέον ἡβώωντα.   i 9.446 *
ὦ ⌜ἄνα⌝, εἴθ', ὡς θυμὸς ἐνὶ στήθεσσι φίλοισιν,   i 4.313†
ὣς μοι γούναθ' ἕποιτο βίη ⌜δέ⌝ μοι ἔμπεδος εἴη.   cf. i 4.314 + o 14.503†@

637 στῆναι δύναται   639 κεῖτ' ἄρ'   642 ἧσται   643 ἠὺν
644 βιβάντα   646 Ἕκτορι δὲ ... πέσεν   647 δ' ... θερμὰ
648 om. Iv   651 σφε ἔπεσσιν aut μιν ἔπεσσιν   662 γέρον
663 τε

i 21.74†	γουνοῦμαί ⌜σε ἄναξ⌝, σὺ δέ μ' αἴδεο καί μ' ἐλέησον.
i 21.75	ἀντί τοί εἰμ' ἱκέταο, διοτρεφὲς, αἰδοίοιο. 665
i 21.76	πὰρ γὰρ σοὶ πρώτῳ πασάμην Δημήτερος ἀκτήν."
cf. i 1.453	ὣς φάτο· τοῦ δ' ἔκλυε μέγας θεὸς εὐξαμένοιο.
i 7.108	δεξιτερῆς δ' ἕλε χειρὸς ἔπος τ' ἔφατ' ἔκ τ' ὀνόμαζεν
i 11.441	"ἃ δεῖλ', ἦ μάλα δή σε κιχάνεται αἰπὺς ὄλεθρος.
i 20.360	ἀλλ' ὅσσον μὲν ἐγὼ δύναμαι χερσίν τε ποσίν τε 670
i 20.361*	καὶ σθένει, οὔ σ' ἔτι φημὶ μεθησέμεν οὐδ' ἡβαιόν.
i 2.174	οὕτω δὴ οἴκόνδε φίλην ἐς πατρίδα γαῖαν
o 13.6*	ἂψ ἀπονοστήσεις, εἰ καὶ μάλα πολλὰ πέπονθας.
i 21.331	ὄρσεο, κυλλοπόδιον, ἐμὸν τέκος. ἄντα σέθεν γὰρ
o 11.483	οὔ τις ἀνὴρ προπάροιθε μακάρτατος οὔτ' ἄρ' ὀπίσσω 675
o 10.286	ἀλλ' ἄγε δή σε κακῶν ἐκλύσομαι ἠδὲ σαώσω,
o 22.373	ὄφρα γνῷς κατὰ θυμόν, ἀτὰρ εἴπησθα καὶ ἄλλῳ,
o 22.374	ὡς κακοεργίης εὐεργεσίη μέγ' ἀμείνων.
i 18.178	ἀλλ' ἄνα, μηδ' ἔτι κεῖσο. σέβας δέ σε θυμὸν ἱκέσθω.
o 4.612	τοιγὰρ ἐγὼ τοι ταῦτα μεταστήσω· δύναμαι γάρ." 680
o 2.6†	αἶψα δὲ κηρύκεσσι λιγυφθόγγοισιν ⌜ἔειπεν⌝,
o 18.414	"ὦ φίλοι, οὐκ ἂν δή τις ἐπὶ ῥηθέντι δικαίῳ
o 18.415	ἀντιβίοις ἐπέεσσι καθαπτόμενος χαλεπαίνοι.
o 18.416	μήτέ τι τὸν ξεῖνον στυφελίζετε μήτε τιν' ἄλλον."
i 15.262 + 572	ὣς εἰπὼν ἔπνευσε μένος μέγα. τὸν δ' ὀρόθυνεν· 685
i 17.569@	ἐν δὲ βίην ὤμοισι καὶ ἐν ⌜γούνασιν⌝ ἔθηκε,
o 11.394	οἵη περ πάρος ἔσκεν ἐνὶ γναμπτοῖσι μέλεσσι,
o 8.135*	μηροῖς τε κνήμαις τε καὶ ἄμφω χερσὶν ὕπερθεν.
i 13.62	αὐτὸς δ' ὥς τ' ἴρηξ ὠκύπτερος ὦρτο πέτεσθαι.
o 15.271	τὸν δ' αὖτε προσέειπε θεοκλύμενος θεοειδής, 690
o 2.303†	"⌜ὦ φίλε⌝ ὑψαγόρη, μένος ἄσχετε, μή τί τοι ἄλλο
o 2.304	ἐν σήθεσσι κακὸν μελέτω ἔργον τε ἔπος τε."
i 1.601	ὣς τότε μὲν πρόπαν ἦμαρ ἐς ἠέλιον καταδύντα
i 15.369	χεῖρας ἀνίσχοντες μεγάλ' εὐχετόωντο ἕκαστος.

664 σ' Ἀχιλεῦ   681 κέλευσε   686 γούνεσσιν   691 Τηλέμαχ'

περὶ τοῦ ἐν τῇ στοᾷ Σολομῶντος ἑτέρου παραλύτου

695 ἠέλιος μὲν ἔπειτα νέον προσέβαλλεν ἀρούρας.   o 19.433
αὐτὰρ ὁ τῶν ἄλλων ἐπεπωλεῖτο στίχας ἀνδρῶν.   i 11.540
πάντηνεν δ' ἄρ' ἔπειτα κατὰ στίχας, αὐτίκα δ' ἔγνω   i 17.84
γήραϊ τειρόμενον, μέγα δ' ⌜ἐν⌝ φρεσὶ πένθος ἔχοντα.   o 24.233 †
οὐ γὰρ ἔτ' ἔμπεδα γυῖα ποδῶν ἦν ⌜ὁρμηθῆναι⌝,   i 13.512 @
700 οὐδέ τι κινῆσαι μελέων ἦν οὐδ' ἀναεῖραι.   o 8.298
ἔγνω δ' αὐτίκα κεῖνον, ἐπεὶ ἴδεν ὀφθαλμοῖσι.   o 11.615 *
καί μιν λισσόμενος ἔπεα πτερόεντα προσηύδα,   o 22.366
δάκρυ ἀναπρήσας· οἶκτος δ' ἔλε λαὸν ἅπαντα.   o 2.81
"εἰ μὲν δὴ θεός ἐσσι, θεοῖό τε ἔκλυες αὐδῆς,   o 4.831
705 πρὸς δ' ἐμὲ τὸν δύστηνον ἔτι φρονέοντ' ἐλέησον.   i 22.59
οὐ γὰρ ἔτ' ἔμπεδα γυῖα, φίλος, πόδες, οὐδέ τι χεῖρες   i 23.627
ὤμων ⌜ἀμφοτέρωθεν⌝ ἀπαΐσσονται ἐλαφραί.   i 23.628 †
ἔνθεν δὴ νῦν δεῦρο τόδ' ⌜ἥκω⌝ πήματα πάσχων.   o 17.444 @
αὐτὸς δ' αἴ κ' ἐθέλῃς ἰήσεαι, οὐδέ τις ἄλλος.   o 9.520 *
710 εἴθ' ὡς ἡβώοιμι, βίη δέ μοι ἔμπεδος εἴη."   i 7.157
ὣς ἄρ' ἔπειτ' ἠρᾶτο καὶ αὐτὸς πάντα τελεύτα.   o 3.62 *
τὸν δ' ⌜αὖ γε⌝ προσέειπε θεοκλύμενος θεοειδής,   o 15.271 †
"ταῦτά τοι, ὦ δύστηνε, τελευτήσω τε καὶ ἔρξω."   o 11.80
αὐτίκ' ἔπειθ' ἅμα μῦθος ἔην, τετέλεστο δὲ ἔργον.   i 19.242
715 γυῖα δὲ θῆκεν ἐλαφρά, πόδας καὶ χεῖρας ὕπερθεν.   i 13.61
ἐν δὲ βίην ὤμοισι καὶ ἐν ⌜γούνασιν⌝ ἔθηκε.   i 17.569 @
βῆ δ' ἴμεν ὥς τε λέων ὀρεσίτροφος ἀλκὶ πεποιθώς,   i 12.299
                                                        + 17.61
καγχαλόων, ταχέες δὲ πόδες φέρον. αἶψα δ' ἔπειτα   i 6.514
ὑψόσ' ⌜ἀνέσχετο⌝ ⌜λέκτρα⌝ καὶ εὐχόμενος δ' ἔπος ηὔδα   i 10.461 @ †
720 θάμβησαν δὲ καὶ ἄλλοι, ἐς ἀλλήλους δὲ ἴδοντο.   i 24.484
καί ῥ' ἦγον προτὶ ἄστυ, ἀέλποντες σόον εἶναι.   i 7.310
ὧδε δέ τις εἴπεσκεν ἰδὼν ἐς πλησίον ἄλλον,   o 21.396

---

698 om. Hom   **699** ὁρμηθέντι   **707** ἀμφοτέρωθεν   Hom :
ἀμφοτέρων ἐπ- Iv   **708** ἵκω   **712** αὖτε   **716** γούνεσσιν
719 ἀνέσχεθε … χειρί:καὶ deest in Iv   **721** ἀελπτέοντες Hom

28 EVDOCIA

o 18.36 "ὦ φίλοι, οὐ μέν πώ τι πάρος τοιοῦτον ἐτύχθη,
o 4.269 ἀλλ᾽ οὔ πω τοιοῦτον ἐγὼν ἴδον ὀφθαλμοῖσιν.
o 4.267 ἤδη μὲν πολέων ἐδάην βουλήν τε νόον τε.   725
o 16.196 οὐ γάρ πως ἂν θνητὸς ἀνὴρ τάδε μηχανόῳτο
o 3.275 ἐκτελέσας μέγα ἔργον, ὃ οὔ ποτε ἔλπετο θυμῷ."

περὶ τῆς θυγατρὸς τοῦ ἑκατοντάρχου

i 9.707 αὐτὰρ ἐπεί κε φανῇ καλὴ ῥοδοδάκτυλος Ἠώς,
i 20.229 * ἄκρον ἐπὶ ῥηγμῖνος ἁλὸς πολιοῖο θέεσκε.
o 12.166 τόφρα δὲ καρπαλίμως ἐξίκετο νηῦς εὐεργὴς   730
o 13.115 σπερχομένη. τοίων γὰρ ἐπείγετο χέρσ᾽ ἐρετάων.
i 1.481 ἐν δ᾽ ἄνεμος πρῆσεν μέσον ἱστίον, ἀμφὶ δὲ κῦμα
i 1.482 στείρῃ πορφύρεον μεγάλ᾽ ἴαχε νηὸς ἰούσης.
i 1.483 ἡ δ᾽ ἔθεεν κατὰ κῦμα διαπρήσσουσα κέλευθον.
o 13.86 ἡ δὲ μάλ᾽ ἀσφαλέως θέεν ἔμπεδον. οὐδέ κεν ἴρηξ   735
o 13.87 κίρκος ὁμαρτήσειεν, ἐλαφρότατος πετεηνῶν.
o 13.88 ὣς ἡ ῥίμφα θέουσα θαλάσσης κύματ᾽ ἔτεμνεν,
o 13.89 * ἄνδρα φέρουσα θεῷ ἐναλίγκια μήδε᾽ ἔχοντα.
o 5.56   ἔνθ᾽ ἐκ πόντου βὰς ἰοειδέος ἠπειρόνδε,
i 10.339 βῆ ῥ᾽ ἂν᾽ ὁδὸν μεμαώς. τὸν δὲ φράσατο προσιόντα   740
i 2.468 † ⌜πληθύς⌝, ὅσσά τε φύλλα καὶ ἄνθεα γίνεται ὥρῃ,
i 9.503 * @ χωλοί τε ῥυσσοί τε παραβλῶπές τ᾽ ⌜ὀφθαλμῶν⌝,
o 11.38 νύμφαι τ᾽ ἠΐθεοί τε πολύτλητοί τε γέροντες.
o 19.379 † πολλοὶ ⌜δὲ⌝ ξεῖνοι ταλαπείριοι ἐνθάδ᾽ ἵκοντο.
i 4.450 ἔνθα δ᾽ ἅμ᾽ οἰμωγή τε καὶ εὐχωλὴ πέλεν ἀνδρῶν   745
i 4.231 αὐτὰρ ὁ πεζὸς ἐὼν ἐπεπωλεῖτο στίχας ἀνδρῶν.
i 18.380 ὄφρ᾽ ὅ γε ταῦτ᾽ ἐπονεῖτο ἰδυίῃσι πραπίδεσσι,
i 17.466 † ⌜τόφρα⌝ δὲ δή μιν ἑταῖρος ἀνὴρ ἴδεν ὀφθαλμοῖσιν.
o 4.24   βῆ δ᾽ ἴμεν ἀγγελέων διὰ δώματα ποιμένι λαῶν,

726 μηχανόωντο Iv   741 μύριοι   742 ὀφθαλμώ   744 δὴ
747 εἰδ- Iv   748 ὀψὲ

750 δάκρυα θερμὰ χέων, φάτο δ' ἀγγελίην ἀλεγεινήν.   i 18.17
καί μιν φωνήσας ἔπεα πτερόεντα προσηύδα,   o 1.122
"πεύσεαι ἀγγελίης, ἦ μὴ ὤφελλε γενέσθαι.   i 18.19
⌜παρθένος αἰδοίη⌝, Χαρίτων ἄπο κάλλος ἔχουσα,   o 6.18 * †
ἦν περὶ κῆρι φίλησε πατὴρ καὶ πότνια μήτηρ,   i 13.430 *
755 λίην γὰρ πινυτή τε καὶ εὖ φρεσὶ μήδεα οἶδε.   o 11.445
ἥ μ' ἐφίλει τ' ἐκόμει τε· τί τοι τόδε μυθολογεύω;   o 12.450 *
νούσῳ ὑπ' ἀργαλέῃ φθίνεται οἷς ἐν μεγάροισιν   i 13.667 *
λευγαλέῳ θανάτῳ, ὡς μὴ θάνοι ὅς τις ἔμοιγε   o 15.359
ἐνθάδε ναιετάων φίλος εἴη καὶ φίλα ἔρδοι.   o 15.360
760 ταῦτά τοι ἀχνύμενός περ, ἀληθείην κατέλεξα.   o 7.297
ἀλλ' ἄγε δεῦρο, ἄναξ, ἵν' ἔπος καὶ μῦθον ἀκούσῃς."   o 11.561
τόνδ' αὖτε προσέειπε θεοκλύμενος θεοειδής·   o 15.271
"⌜ὡς⌝ οὐκ ἔσθ' ὅδε μῦθος ἐτήτυμος ὡς ἀγορεύεις,   o 23.62 †
ἀλλ' ἴομεν, μὴ δηθὰ διατρίβωμεν ὁδοῖο.   o 2.404
765 οὔ τοι ἔπειθ' ἁλίη ὁδὸς ἔσσεται οὐδ' ἀτέλεστος.   o 2.273
θάρσει· μή τοι ταῦτα μετὰ φρεσὶ σῇσι μελόντων.   o 16.436
καὶ γάρ μιν θανάτοιο δυσηχέος ὧδε δυναίμην   i 18.464
νόσφιν ἀποκρύψαι, ὅτε μιν μόρος αἰνὸς ἱκάνοι.   i 18.465
ἀλλ' ἄγ', ἐγὼν αὐτὸς πειρήσομαι ἠδὲ ἴδωμαι."   o 6.126
770   ὣς εἰπὼν ἄλλους μὲν ἀπεσκέδασ' ἄλλυδις ἄλλη   i 19.309
                                                          + o 11.385
βῆ δ' ἴμεναι προτέρως. ἑτέρηφι δὲ λάζετο Πέτρον,   cf. o 15.109
                                                          + i 16.734
ὅς οἱ κήδιστος ἑτάρων ἦν κεδνότατός τε·   o 10.225
ἄλλους θ', οἵ οἱ κεδνότατοι καὶ φίλτατοι ἦσαν.   cf. i 9.586
⌜αὐτὰρ ἐπεί ῥ'⌝ ἵκανε δόμους εὖ ναιετάοντας,   i 6.370 †
775 καρπαλίμως ὑπὲρ οὐδὸν ἐβήσατο δώματος εἴσω.   o 7.135
ἐν δὲ θρόνοι περὶ τοῖχον ἐρηρέδατ' ἔνθα καὶ ἔνθα   o 7.95
ἑζέσθην ⌜δ'⌝ ἄρ ἔπειτα κατὰ κλισμούς τε θρόνους τε.   o 15.134 †
αἶψα ⌜δ' ἄρ⌝ εἴσβαινον καὶ ἐπὶ κληῖσι κάθιζον·   o 15.221 †
καδδραθέτην ⌜δ'⌝ οὐ πολλὸν ἐπὶ χρόνον, ἀλλὰ μίνυνθα.   o 15.494

    753 πὰρ δὲ δύ' ἀμφίπολοι   763 ἀλλ'   767 αἴ   774 αἶψα δ'
ἔπειθ' 777 τ' Iv   778 δ' ἀρ Hom : δ' οἵ γε Iv   779 δ' deest in
Iv

30 EVDOCIA

ᾤμωξεν δ' ἐλεεινὰ πατὴρ φίλος, ἀμφὶ δὲ λαοὶ   780
κωκυτῷ τ' εἴχοντο καὶ οἰμωγῇ κατὰ ἄστυ.
θυγατέρες δ' ἀνὰ δώματα ἰδὲ νυοὶ ὠδύροντο
μήτηρ δ' αὖθ' ἑτέρωθεν ὀδύρετο δακρὺ χέουσα
θυγατέρ' ⌜ἰφθίμην⌝, τὴν ὁπλοτάτην τέκε παίδων.
ἡ δὲ μέγα ἰάχουσα ὑπέδραμε καὶ λάβε γούνων   785
οἴκτρ' ὀλοφυρομένη. περὶ δὲ δμωαὶ μινύριζον
πᾶσαι, ὅσαι κατὰ δώματ' ἔσαν νέαι ἠδὲ παλαιαί.
τὸν μὲν ἄρ ἐν μεγάρῳ δμωαὶ καὶ πότνια μήτηρ
χερσίν τ' ἀμφαφόωντα καὶ ὀφθαλμοῖσιν ὁρῶντο
ἀχνύμεναι. μετὰ δέ σφι πατὴρ κίε δάκρυα λείβων.   790
τὸν δ' ἄχος ἀμφεξύθη θυμοφθόρον, οὐδ' ἄρ' ἔτ' ἔτλη.
τὸν δ' αὖτε προσέειπε θεοκλύμενος θεοειδής,
"ἃ δεῖλ', ἢ δὴ πολλὰ κάκ' ἄνσχεο σὸν κατὰ θυμόν.
⌜μηκέτι⌝ τοι θάνατος μελέτω φρεσὶ μηδέ τι ⌜θυμῷ⌝
τάρβει· θαρσαλέος γὰρ ἀνὴρ ἐν πᾶσιν ἀμείνων   795
ἔργοισιν τελέθει, εἰ καί ποθεν ἄλλοθεν ἔλθοι.
εὗδε ⌜τ'⌝ ἀνακλιθεῖσα⌝, λύθεν δέ οἱ ἅψεα πάντα,
ἡδὺ μάλα κνώσσουσ' ἐν ὀνειρείῃσι πύλῃσιν."
οἱ δὲ καὶ ἀχνύμενοί περ ἐπ' αὐτῷ ἡδὺ γέλασσαν.
αὐτὰρ ὁ τῶν μὲν ἔπειτα ἀλεύατο πουλὺν ὅμιλον,   800
ἀλλὰ τοκῆε δύω προτέρω ἄγεν· ἐγγύθι δὲ στὰς
χεῖρ' ἕλε δεξιτερὴν καί μιν πρὸς μῦθον ἔειπεν,
"⌜ὄρσεο⌝, μήδ' ἔτι κεῖσο· σέβας δέ σε θυμὸν ἱέσθω."
ὡς ἄρ' ἐφώνησεν, τῇ δ' ἄπτερος ἔπλετο μῦθος.
ἕζετο δ' ὀρθωθείς· ὁ δ' ἐκέκλετο μακρὸν ἀΰσας·   805
"παύεσθον κλαυθμοῖο γόοιό τε δακρυόεντος.
⌜καί τε⌝ δότ', ἀμφίπολοι, ⌜κούρῃ⌝ βρῶσίν τε πόσιν τε."
ἐκ δ' ἐγέλασσε πατήρ τε φίλος καὶ πότνια μήτηρ.
ὡς εἰπὼν τοὺς μὲν λίπεν αὐτοῦ, βῆ δὲ μετ' ἄλλους.

783 αὖ Iv   784 ἰφθίμη   794 μὴ δέ τι … τάρβος   797 δ' …
ἀνακλινθεῖσα Hom   803 ἀλλ' ἄνα   807 ἀλλὰ … ξείνῳ

810 πληθὺν δ' οὐκ ἂν ἐγὼ μυθήσομαι οὐδ' ὀνομήνω.   i 2.488
κλαῖον δὲ λιγέως, θαλερὸν κατὰ δάκρυ χέοντες   o 10.201
λισσόμενοι· χρειὼ γὰρ ἱκάνετον. ⌜αὐτὰρ ὁ πάντων⌝   i 10.118 * †
χεῖρα ἑὴν ὑπερέσχε· τεθαρσήκασι δὲ λαοί.   i 9.687
ἄνδρες δ' ⌜αἶψ⌝ ἐγένοντο νεώτεροι ἢ πάρος ἦσαν,   o 10.395 @
815 καὶ πολὺ καλλίονες καὶ μείζονες εἰσοράασθαι.   o 10.396
τόφρα δέ οἱ κομιδή γε θεῷ ὣς ἔμπεδος ἦεν.   o 8.453

περὶ τοῦ χωλοῦ τοῦ καὶ ξηρὰν ἔχοντος χεῖρα

ὀψὲ δὲ δή μιν ἑταῖρος ἀνὴρ ἴδεν ὀφθαλμοῖσιν   i 17.466
χωλεύων· ὑπὸ δὲ κνῆμαι ῥώοντο ἀραιαί.   i 18.411
κλαῖε ⌜δέ κεν⌝ λιγέως, θαλερὸν κατὰ δάκρυον εἴβων.   o 11.391 †
820 αὐτὸς δ' ἐν κονίῃσι μέγας μεγαλωστὶ τανυσθεὶς   i 18.26
κεῖτο, φίλῃσι δὲ χερσὶ κόμην ᾔσχυνε δαΐζων.   i 18.27
πολλὰς ⌜δ'⌝ ἐκ κεφαλῆς προθελύμνους ἕλκετο χαίτας   i 10.15 †
⌜αὐτοῦ⌝ δὲ προπάροιθε ποδῶν πέσεν ἐν κονίῃσι.   i 13.205 †
αὐτὰρ ὁ τῇ ἑτέρῃ ⌜μιν⌝ ἑλὼν ἐλλίσσετο γούνων.   i 21.71 †
825 καί μιν λισσόμενος ἔπεα πτερόεντα προσηύδα,   o 22.311
"κλῦθι, ἄναξ, ὅτις ἐσσί· πολύλλιστον δέ σ' ἱκάνω.   o 5.445
οὔτε γὰρ ἐσσ' ἄφρων οὔτ' ἄσκοπος οὔτ' ἀλιτήμων,   i 24.157 *
ἀλλὰ μάλ' ⌜ἐνδυκέως⌝ ἱκέτεω πεφιδήσεαι ἀνδρός.   i 24.158 † *
καί μοι δὸς τὴν χεῖρ', ὀλοφύρομαι· οὐ γὰρ ἔτ' ⌜ἄλλον⌝   i 23.75 †
830 ἤπιον ὧδε ἄνακτα κιχήσομαι, ὁππόσ' ἐπέλθω,   o 14.139
οὐδ' εἴ κεν πατερὸς καὶ μητέρος αὖτις ἵκωμαι   o 14.140
οἶκον, ὅθι πρῶτον γενόμην καί μ' ἔτρεφον αὐτοί.   o 14.141
τοὔνεκα νῦν τὰ σὰ γούναθ' ἱκάνομαι, αἴ κ' ἐθέλῃσθα   o 4.322
καὶ γὰρ ἐγὼ ξεῖνος ταλαπείριος ἐνθάδ' ἱκάνω   o 7.24
835 τηλόθεν ἐξ ἀπίης γαίης· τῷ οὔ τινα οἶδα   o 7.25

810 πάντα μὲν   812 ἱκάνετον Iv (cf. i 9.197) ... οὐκέτι
ἀνέκτος   814 ἄψ   819 δ' ὅ γε   821 χειρσὶ Iv   822 om. Hom
823 Ἕκτορι   824 μεν   828 ἐνδυκέως Steph, Hom : ἐνδικαίως
Iv   829 αὐτις

32 EVDOCIA

o 7.26   ἀνθρώπων, οἳ τήνδε πόλιν καὶ ἔργα νέμονται.

o 11.182† *   ῾ἧμαι δ᾽ ἐν᾽ μεγάροισι· ὀϊζυραὶ δέ μοι αἰεὶ

o 11.183 *   φθίνουσιν ὕκτες τε καὶ ἤματα δακρυ χέοντι.

o 8.182   νῦν δ᾽ ἔχομαι κακότητι καὶ ἄλγεσι· πολλὰ γὰρ ἔτλην.

o 12.350   βούλομ᾽ ἅπαξ πρὸς κῦμα χανὼν ἀπὸ θυμὸν ὀλέσσαι,   840

i 15.512
+ cf. 18.81   ἢ δηθὰ στρεύγεσθαι δύῃ ἀρημένος αἰνῇ.

o 5.450   ἀλλ᾽ ἐλέαιρε, ἄναξ· ἱκέτης δέ τοι εὔχομαι εἶναι.

i 23.770 * †   κλῦθι, ῾ἄναξ᾽, ἀγαθός μοι ἐπίρροθος ἐλθὲ ποδοῖιν.

o 8.147   οὐ μὲν γὰρ μεῖζον κλέος ἀνέρος ὄφρά κεν ᾖσιν

o 8.148   ἢ ὅ τι ποσσίν τε ῥέξῃ καὶ χερσὶν ἑῇσιν."   845

cf. i 1.453   ὣς φάτο· τοῦ δ᾽ ἔκλυε μέγας θεὸς εὐξαμένοιο.

i 5.417   ἄλθετο χεὶρ, ὀδύναι δὲ κατηπιόωντο βαρεῖαι.

o 23.3   γούνατα δ᾽ ἐρρώσαντο, πόδες δ᾽ ὑπερικταίνοντο.

i 15.269†   ὣς ῾δ᾽ ἄρ ὅ κεν᾽ λαιψηρὰ πόδας καὶ γούνατ᾽ ἐνώμα,

i 15.263   ὡς ὅτε τις στατὸς ἵππος, ἀκοστήσας ἐπὶ φάτνῃ,   850

i 21.247   ἤϊξεν πεδίοιο ποσὶ κραιπνοῖσι πέτεσθαι.

περὶ τοῦ τυφλοῦ

o 21.327†   ῾ἄλλος δ᾽ αὖτις᾽ πτωχὸς ἀνὴρ ἀλαλήμενος ἐλθὼν

i 17.139   ἑστήκει, μέγα πένθος ἐνὶ στήθεσσιν ἀέξων.

i 20.421   ῾καδδέ᾽ οἱ ὀφθαλμῶν κέχυτ᾽ ἀχλύς· οὐδ᾽ ἄρ᾽ ἔτ᾽ ἔτλη

i 5.786   ὃς τόσον αὐδήσασχ᾽ ὅσον ἄλλοι πεντήκοντα   855

i 10.10   νειόθεν ἐκ κραδίης, τρομέοντο δέ οἱ φρένες ἐντός.

o 5.428†   ἀμφοτέρῃσι δὲ χερσὶν ἐπεσσύμενος λάβε ῾γούνων᾽,

i 10.118 *   λισσόμενος· χρειὼ γὰρ ἱκάνετον οὐκέτ᾽ ἀνεκτός.

o 16.22   καί ῥ᾽ ὀλοφυρόμενος ἔπεα πτερόεντα προσηύδα,

o 4.831   "εἰ μὲν δὴ θεός ἐσσι, θεοῖό τε ἔκλυες αὐδῆς,   860

i 3.97 *   κέκλυθι νῦν καὶ ἐμεῖο· μάλιστα γὰρ ἄλγος ἱκάνει.

o 10.190 * †   ὦ ῾ἄνα᾽, οὐ γὰρ ἴσημι ὅπῃ ζόφος οὐδ᾽ ὅπῃ ἠώς,

837 σοῖσιν ἐνὶ   843 θεά   849 Ἕκτωρ   852 ἀλλ᾽ ἄλλος τις
854 κάρ ῥά   857 πέτρης   858 ἱκάνετον Iv (cf. i 9.197)
862 φίλοι

οὐδ' ὅπη ἠέλιος φαεσίμβροτος εἶσ' ὑπὸ γαῖαν,   o 10.191
οὔθ' ὁπότ' ἂν στείχῃσι πρὸς οὐρανὸν ἀστερόεντα,   o 11.17
865 οὔθ' ὅτ' ἂν ἂψ ἐπὶ γαῖαν ἀπ' οὐράνοθεν προτράπηται.   o 11.18
ποίησον δ' αἴθρην, δὸς δ' ὀφθαλμοῖσιν ἰδέσθαι   i 17.646
ἠέλιόν τε ἀκάμαντα σελήνην τε πλήθουσαν.   i 18.484
γῆς ἐπέβην, ἀλλ' αἰὲν ἔχων ἀλάλημαι ὀϊζύν·   o 11.167
οὔτέ μοι ὀξύτατον κεφαλῆς ἔκ δέρκεται ὄσσε.   i 23.477 *
870 αὐτὸς δ', αἴ κ' ἐθέλῃσ', ἰήσεαι, οὐδέ τις ἄλλος.   o 9.520 *
εἰ δέ κε νοστήσω καὶ ἐσόψομαι ὀφθαλμοῖσι   i 5.212
πατρίδ' ἐμὴν ἄλοχόν τε καὶ ὑψερεφὲς μέγα δῶμα   i 5.213
ὡς οὐδὲν γλύκιον ἧς πατρίδος ⌈ἠδὲ⌉ τοκήων   o 9.34 †
γίνεται, εἴ περ καί τις ἀπόπροθι πίονα οἶκον   o 9.35
875 γαίῃ ἐν ἀλλοδαπῇ ναίει ἀπάνευθε τοκήων.   o 9.36
ἀλλά, ἄναξ, ἐλέαιρε. σὲ γὰρ κακὰ πολλὰ μογήσας,   o 6.175 *
ἐς πρῶτον ἱκόμην. τῶν δ' ἄλλων οὔ τινα οἶδα   o 6.176 *
ἀνθρώπων, οἳ τήνδε πόλιν καὶ γαῖα ἔχουσιν.   o 6.177
σούς τε πόδας σά τε γούναθ' ἱκάνω πολλὰ μογήσας,   o 7.147 *
880 ὥς κἀμὲ τὸν δύστηνον ἐμῆς ἐπιβήσεο πάτρης   o 7.223
καίπερ πολλὰ παθόντα· ἰδόντα με καὶ λίποι αἰών.   o 7.224
τοὔνεκα νῦν τὰ σὰ γούναθ' ἱκάνομαι, αἴ κ' ἐθελησθα   o 4.322
αὐτόν ⌈με⌉ ζώειν καὶ ὁρᾶν φάος ἠελίοιο."   i 24.558 †
ὣς φάτο· τοῦ δ' ἄρα θυμὸν ἐνὶ στήθεσσιν ὄρινε.   i 11.804 *
885 τόν δ' αὖτε προσέειπε θεοκλύμενος θεοειδὴς,   o 15.271
"ὦ φίλ', ἐπεὶ τόσα εἶπες ὅσ' ἂν πεπνυμένος ἀνήρ,   o 4.204
οὕνεκ' ἐπητής ⌈τ⌉ ἐσσὶ καὶ ἀγχίνοος καὶ ἐχέφρων,   o 13.332 @
οὐδέ τί πω παρὰ μοῖραν ἔπος νηκερδὲς ἔειπες.   o 14.509
γινώσκω δὲ καὶ αὐτὸς ὅ ⌈τι⌉ πινυτὴ φρένας ἵκει,   o 20.228 * @
890 θάρσει, μηδέ τι πάγχυ μετὰ φρεσὶ δείδιθι λίην.   o 4.825
⌈θάρσει⌉· ἐμοὶ δέ κε ταῦτα μελήσεται, ὄφρα τελέσσω.   i 1.523 †
ἤδη γάρ μοι θυμὸς ἐπέσσυται ὄφρ' ἐπαμύνω.   i 6.361
γνοίης χ' οἵη ἐμὴ δύναμις καὶ χεῖρες ἕπονto·   o 20.237 *

873 οὐδὲ   880 κ' ἐμὲ   883 τε   887 om. Hom   889 τοι
891 Ἥρη

34 EVDOCIA

ἀλλ' εἰ δή ῥ' ⌐ἐθέλησθα⌐ καὶ ἀτρεκέως ἀγορεύεις,
ἐλπωρή τοι ἔπειτα φίλους τ' ἰδέειν καὶ ἱκέσθαι   895
οἶκον ἐϋκτίμενον καὶ ἐὴν ἐς πάτριδα γαῖαν.
τῷ σε καὶ οὐ δύναμαι προλιπεῖν δύστηνον ἐόντα,
οὕνεκ' ἐπήτης ⌐τ⌐ ἐσσὶ καὶ ἀγχίνοος καὶ ἐχέφρων.
⌐ἔλπεο δή⌐ τοι ἔπειτα κακῶν ὑπάλυξιν ἔσεσθαι
ἐξ ἐμεῦ, ὡς ἄν τίς σε συναντόμενος μακαρίζοι.   900
ὄψεαι, ἢν ἐθέλησθα καὶ αἴ κέν τοι τὰ μεμήλῃ
ὀφθαλμοῖσι τεοῖσι τά τ' ἔλδεαι ἤματα πάντα.
ἄνσχεο, μηδ' ἀλίαστον ὀδύρεο σὸν κατὰ θυμόν.
ἦ μέν σ' ἐνδυκέως ἀποπέμπομαι, ὄφρ' ἂν ἵκηαι
χαίρων καρπαλίμως, εἰ καὶ μάλα τηλόθεν ἐσσί,   905
πατρίδα σὴν καὶ δῶμα, καὶ εἴ πού τοι φίλον εἴη.
μή μοι σύγχει θυμὸν ὀδυρόμενος καὶ ἀχεύων."
αὐτίκ' ἔπειθ' ἅμα μῦθος ἔην, τετέλεστο δὲ ἔργον.
αὐτίκα δ' ἠέρα μὲν σκέδασεν καὶ ἀπῶσατ' ὀμίχλην.
ἀχλὺν δ' αὖ τοι ἀπ' ὀφθαλμῶν ἔλεν, ἢ πρὶν ἐπῆεν,   910
θεσπεσίην. ὁ δ' ἔπειτα μέγ' ἔξιδεν ὀφθαλμοῖσιν
γαῖαν ἀπειρεσίην ὀρέων τ' αἰπεινὰ κάρηνα,
πάντοσε παπταίνων ὥς τ' αἰετός, ὅν ῥά τέ φασιν
ὀξύτατον δέρκεσθαι ὑπουρανίων πετεηνῶν.
τὸν δ' αὖτε προσέειπε θεοκλύμενος θεοειδής,   915
"νῦν δ' ἔρχευ πρὸς δῶμα, καὶ ἴσχεο μηδ' ὀνομήνῃς
μηδέ τῳ ἐκφάσθαι μήτ' ἀνδρῶν μήτε γυναικῶν."
ἦ τοι ὁ μὲν χαίρων ἐπιβήσατο πατρίδος αἴης,
καὶ κύνει ἁπτόμενος ἣν πατρίδα. πολλὰ δ' ἀπ' αὐτοῦ
δάκρυα θερμὰ χέοντ', ἐπεὶ ἀσπασίως ἴδε γαῖαν.   920
θάμβησαν ⌐δ⌐ ἄρα πάντες ἐπ' ἀλλήλοισιν⌐ ἰδόντες.
οἱ δὲ πανημέριοι μολπῇ θεὸν ἱλάσκοντο
ἐν μεγάλῳ ἀδύτῳ ἀκέοντό τε κύδαινόν τε.

---

894 ἐτεόν γε   **898** om. Hom   **899** ἐλπωρή   **921** δὲ καὶ ἄλ-
λοι ἐς ἀλλήλους δε

περὶ τοῦ δαιμονῶντος

ἀλλ᾽ ἄλλος τις πτωχὸς ἀνὴρ ἀλαλήμενος ἐλθὼν	o 21.327
925 δεσμῷ ἐν ἀργαλέῳ δέδετο, κρατέρ᾽ ἄλγεα πάσχων.	o 15.232
φοίτα ⌜δὲ⌝ μακρὰ βιβάς, φωνὴ δέ οἱ αἰθέρ᾽ ἵκάνεν.	i 15.686†
στὰς δ᾽ ὅτε μὲν παρὰ τάφρον ὀρυκτὴν τείχεος ἐκτός,	i 20.49 *
ἄλλοτ᾽ ἐπ᾽ ἀκτάων ἐριδούπων μακρὸν ἀΰτει.	i 20.50
ἤτοι ὁ κὰπ πεδίον τὸ ἀλήϊον οἶος ἀλᾶτο,	i 6.201
930 ὃν θυμὸν κατέδων, πάτον ἀνθρώπων ἀλεείνων,	i 6.202
δηρὸν τηκόμενος, στυγερὸς ⌜τέ⌝ οἱ ἔχραε δαίμων.	o 5.396 @
ἀφλοισμὸς δὲ περὶ στόμα γίνετο, τὼ δέ οἱ ὄσσε	i 15.605
δεινὸν ὑπὸ βλεφάρων ὡς εἰ σέλας ἐξεφάανθεν.	i 19.17
χαῖται δ᾽ ἐρρώοντο μετὰ πνοίης ἀνέμοιο.	i 23.367
935 αἰεὶ δ᾽ ἀργαλέῳ ἔχετ᾽ ἄσθματι, κὰδ δέ οἱ ἱδρὼς	i 16.109
πάντοθεν ἐκ μελέων πολὺς ἔρρεεν, οὐδέ πη εἶχεν	i 16.110
ἀμπνεῦσαι· πάντῃ δὲ κακὸν κακῷ ἐστήρικτο.	i 16.111
τὸν δ᾽ ἄτη φρένας εἷλε, λύθεν δ᾽ ὕπο φαίδιμα γυῖα.	i 16.805
ἤριπε δ᾽ ἐξοπίσω, ἀπὸ δὲ ψυχὴν ἐκάπυσσε.	i 22.467
940 κὰδ δ᾽ ἔπεσ᾽ ἐν κονίῃσι μακών, σὺν δ᾽ ἤλασ᾽ ὀδόντας	o 18.98
λακτίζων ποσὶ γαῖαν. ἀτὰρ μνηστῆρες ἀγαυοὶ	o 18.99
χεῖρας ἀνασχόμενοι μεγάλ᾽ εὐχετόωντο ἕκαστος.	i 15.369 *
ἀγχίμολον δὲ σύες τε καὶ ἀνέρες ἦλθον ὑφορβοί.	o 14.410
κλαγγὴ δ᾽ ἄσπετος ὦρτο συῶν αὐλιζομενάων.	o 14.412
945 ἀλλὰ καὶ ὣς δρηστῆρες ἄγον ⌜σώζοντες⌝ ἀνάγκῃ	o 18.76†
δειδιότα· σάρκες δὲ περιτρομέοντο μέλεσσιν.	o 18.77
τὸν δὲ ἰδὼν ᾤκτειρε ⌜θεὸς καί μιν προσέειπε⌝,	i 23.534†
"τίς πόθεν εἰς ἀνδρῶν, ὅ μευ ἔτλης ἀντίον ἐλθεῖν;	i 21.150 *
δυστήνων δέ τε παῖδες ἐμῷ μένει ἀντιόωσι.	i 21.151
950 δαιμόνιε, σχεδὸν ἐλθέ· τίη δειδίσσεαι ⌜οὕτως⌝;	i 13.810 @
δαιμόνιε, φθίσει σε τὸ σὸν μένος, οὐδ᾽ ἐλεαίρεις	i 6.407

926 om. Hom　**931** δέ　**945** ζώσαντες　**947** ποδάρκης δῖος
Ἀχιλλεὺς　**950** αὔτως

36 EVDOCIA

ἄνδρα γέροντα, δύη ἀρήμενον, ἥ μιν ἱκάνει,
καὶ μάλα τειρόμενον καὶ ἐνὶ φρεσὶ πένθος ἔχοντα.
ὥς θην καὶ σὸν ἐγὼ λύσω μένος, εἴ κέ μευ ἄντα
στήῃς· ἀλλά σ' ἔγωγ' ἀναχωρήσαντα κελεύω   955
ἐς πληθὺν ἰέναι, μηδ' ἀντίος ἵστασ' ἐμεῖο.
πέμπω δ' ὅππῃ σε κραδίη θυμός τε κελεύει."
ὣς ἄρ' ἐφώνησεν, τοὶ δ' ἐφθέγγοντο καλεῦντες,
"ἴομεν, ὡς ἐκέλευσας, ἀνὰ ⌈πληθύν κε συῶν γε.⌉"
αὐτίκ' ἔπειθ' ἅμα μῦθος ἔην, τετέλεστο δὲ ἔργον   960
⌈ῥηϊδίως⌉. πολλοὶ δὲ σύες θαλέθοντες ἀλοιφῇ,
ἔσθοντες βάλανον μενοεικέα καὶ μέλαν ὕδωρ
πίνοντες, τά θ' ὕεσσι τρέφει τεθαλυῖαν ἀλοιφήν,
κύμασιν ἐμφορέοντο, θεὸς δ' ἀποαίνυτο νόστον.
ἐν δ' ἔπεσον μεγάλῳ πατάγῳ, βράχε δ' αἰπὰ ῥέεθρα,   965
ὄχθαι δ' ἀμφὶ περὶ μεγάλ' ἴαχον· οἳ δ' ἀλαλητῷ
ἔννεον ἔνθα καὶ ἔνθα, ἑλισσόμενοι περὶ δίνας.
⌈καί⌉ ῥ' ἀπὸ πετράων ἀνδραχθέσι χερμαδίοισι
βάλλον· ἄφαρ δὲ κακὸς κόναβος ⌈συβότεσσιν⌉ ὀρώρει
χοίρων τ' ὀλλυμένων ἀγελῶν τε σκιδνομενάων.   970
τρέσσαν δ' ἄλλυδις ἄλλη ἐπ' ἠϊόνας προὐχούσας.
⌈ὣς⌉ οἱ τὰς ⌈ὤλεσκον⌉ λιμένος πολυβενθέος ⌈εἴσω⌉.
ἀσπάσιον δ' ἄρα τόν γε θεὸς κακότητος ἔλυσεν.
ἀλλ' ὅτε δή ῥ' ⌈ἄμπνυτο⌉ καὶ ἐς φρένα θυμὸς ἀγέρθη,
καί μιν φωνήσας ἔπεα πτερόεντα προσηύδα,   975
"⌈χαῖρέ μοι⌉, ὅττι μ' ἔπαυσας ἄλης καὶ ὀϊζύος αἰνῆς.
πλαγκτοσύνης δ' οὐκ ἔστι κακώτερον ἄλλο βροτοῖσιν.
ἀλλ' ἕνεκ' οὐλομένης γαστρὸς κακὰ κήδε' ἔχουσιν
ἀνέρες, οὓς ἵκηται ἄλη καὶ πῆμα καὶ ἄλγος."
καί ῥ' ἦγον προτὶ ἄστυ, ἀελπόντες σόον εἶναι.   980

959 ἤομεν ... δρυμά, φαίδιμ' Ὀδυσσεῦ 961 ἔσφαζον 968 οἵ
969 κατὰ νῆας 972 ὄφρ' ... ὄλεσκον ... ἐντὸς 974 ἔμπνυτο
976 ὡς ἐμοί 980 ἀελπτέοντες Hom

θάμβησαν ⸢δ᾽ ἄρα πάντες⸣, ἐς ἀλλήλους δὲ ἴδοντο.   i 24.484†
οἱ δ᾽ ἄνεῳ ἐγένοντο δόμον κάτα φῶτα ἰδόντες.   o 7.144
ὧδε δέ τις εἴπεσκεν ἰδὼν ἐς πλησίον ἄλλον,   o 10.37
"ὦ πόποι, ὡς ὅδε πᾶσι φίλος καὶ τίμιός ἐστιν,   o 10.38
985 ὃς τοῦτον τὸν ἄναλτον ἀλητεύειν ἀπέπαυσεν.   o 18.114 *
ὃς τὸν λωβητῆρα ἐπεσβόλον ἔσχ᾽ ἀγοράων   i 2.275
τοῦτον μαινόμενον, τυκτὸν κακὸν, ἀλλοπρόσαλλον.   i 5.831
καί τε χαλιφρονέοντα σαοφροσύνης ἐπέβησεν.   o 23.13 *
ὦ πόποι, ὡς τόνδ᾽ ἄνδρα θεὸς κακότητος ἔλυσεν.   o 16.364 *
990 οὕτως οὐ πάντεσσι θεὸς χαρίεντα δίδωσιν   o 8.167 *
ἀνδράσιν, οὔτε φυὴν οὔτ᾽ ἂρ φρένας οὔτ ἀγορητύν."   o 8.168
ὣς οἱ μὲν τοιαῦτα πρὸς ἀλλήλους ἀγόρευον.   i 5,431

περὶ τῆς αἱμορροούσης

ἔσκε δὲ πατρὸς ἑοῖο γυνὴ Φοίνισσ᾽ ἐνὶ οἴκῳ,   o 15.417 *
καλή τε μεγάλη τε καὶ ἀγλαὰ ἔργ᾽ εἰδυῖα   o 15.418
995 κέρδεά θ᾽, οἷ᾽ οὔ πώ τιν᾽ ἀκούομεν οὐδὲ παλαιῶν.   o 2.118
λίην γὰρ πινυτή τε καὶ εὖ φρεσὶ μήδεα οἶδε   o 11.445
ἥτις τοι νύκτας τε καὶ ἤματα συνεχὲς αἰεὶ   cf. o 9.74
θυμὸν ἀποπνείουσ᾽, ὥς τε σκώληξ ἐπὶ γαίῃ   i 13.654 *
κεῖτο ταθεῖσ᾽· ἐκ δ᾽ αἷμα μέλαν ῥέε, δεῦε δὲ γαῖαν·   i 13.655 *
1000 ἠρώτα δήπειτα τίς εἴη καὶ πόθεν ἔλθοι·   o 15.423
ἀλλ᾽ ὅτε δὴ γίνωσκε θεοῦ γόνον ⸢ἐγγὺς⸣ ἐόντα   i 6.191†
καρπαλίμως· ὁ δὲ ἔπειτα μετ᾽ ἴχνια βαῖνε θεοῖο.   o 2.406
δάκρυα δ᾽ ἔκβαλε θερμά, ἔπος δ᾽ ὀλοφυδνὸν ἔειπε   o 19.362
"κέκλυθι νῦν καὶ ἐμεῖο· μάλιστα γὰρ ἄλγος ἱκάνει.   i 3.97 *
1005 οὐ γάρ πω μύσαν ὄσσε ⸢ἐπὶ⸣ βλεφάροισιν ἐμοῖσιν,   i 24.637@
ἀλλ᾽ αἰεὶ στενάχω καὶ κήδεα μυρία πέσσω·   i 24.639
κρῆνον νῦν καὶ ἐμοὶ δειλῇ ἔπος, ὅττι κεν εἴπω.   o 20.115
ἕλκος μὲν γὰρ ἔχω τόδε καρτερόν, οὐδέ μοι αἷμα   i 16.517
    + 518

981 δὲ καὶ ἄλλοι   1001 ἠὺν   1002 καρπαλίμως δήπετα IV
1005 ὑπὸ

38 EVDOCIA

i 21.261†	τέρσεται, ⌐ἀλλὰ μάλ'¬ ὦκα κατειβόμενον κελαρύζει.
o 19.407†@	πολλοῖσιν ⌐δ' ἄρ'¬ ἐγὼ ⌐δὴ¬ ὀδυσσαμένη τόδ' ἱκάνω 1010
o 19.408@	ἀνδράσιν ἠδὲ γυναιξὶν ἀνὰ χθόνα ⌐βωτιάνειραν¬.
i 6.345	ὥς μ' ὄφελ' ἤματι τῷ ὅτε με πρῶτον τέκε μήτηρ,
i 6.347	εἰς ὄρος ἢ εἰς κῦμα πολυφλοίσβοιο θαλάσσης
i 6.346	οἴχεσθαι προφέρουσα κακὴ ἀνέμοιο θύελλα.
i 6.348	ἔνθα με κῦμ' ἀπόερσε πάρος τάδε ἔργα γενέσθαι. 1015
i 4.190†	ἕλκος δ' ἰητὴρ ἐπιμάσσεται, ⌐ἠδὲ τίθησι¬
i 4.191	φάρμαχ' ἅ κεν παύσῃσι μελαινάων ὀδυνάων.
o 4.101*	πολλάκις ἐν μεγάροισι καθημένη ἡμετέροισιν,
o 4.102	ἄλλοτε μέν τε γόῳ φρένα τέρπομαι, ἄλλοτε δ' αὖτε
o 4.103	παύομαι· αἰψηρὸς δὲ κόρος κρυεροῖο γόοιο. 1020
i 16.523	ἀλλὰ σύ πέρ μοι, ἄναξ, τόδε καρτερὸν ἕλκος ἄκεσσαι.
o 16.67*	ἔρξον ὅπως ἐθέλεις· ἱκέτης δέ τοι εὔχομαι εἶναι.
o 6.168†	ὥς σε, ⌐ἄναξ¬, ἄγαμαί τε τέθηπά τε δείδιά τ' αἰνῶς
o 6.169	γούνων ἅψασθαι· χαλεπὸν δέ με πένθος ἱκάνει."
o 6.329	αὐτῷ δ' οὔ πω φαίνετ' ἐναντίη· αἴδετο γάρ ῥα· 1025
i 3.385	χειρὶ δὲ νεκταρέου ἑανοῦ ἐτίναξε λαβοῦσα.
i 16.528	αὐτίκα παῦσ' ὀδύνας, ἀπὸ δ' ἕλκεος ἀργαλέοιο
i 16.529	αἷμα μέλαν τέρσηνε, μένος δέ οἱ ἔμβαλε θυμῷ.
i 1.333	αὐτὰρ ὁ ἔγνω ᾗσιν ἐνὶ φρεσὶ φώνησέν τε,
i 6.441	"ἦ καὶ ἐμοὶ τάδε πάντα μέλει, γύναι· ἀλλὰ μάλ' αἰνῶς 1030
i 10.383	θάρσει, μηδέ τί τοι θάνατος καταθύμιος ἔστω.
o 4.148	οὕτω νῦν καὶ ἐγὼ νοέω, γύναι, ὡς σὺ ἐΐσκεις.
o 22.411	ἐν θυμῷ, γρηῦ, χαῖρε καὶ ἴσχεο μηδ' ὀλόλυζε."
o 21.350	ἀλλ' εἰς οἶκον ἰοῦσα τὰ σ' αὐτῆς ἔργα κόμιζε,
i 6.491	ἱστόν τ' ἠλακάτην τε, καὶ ἀμφιπόλοισι κέλευε 1035
o 24.486	ὡς τὸ πάρος, πλοῦτος δὲ καὶ εἰρήνη ἅλις ἔστω.
i 16.530	⌐ἡ δ' ἄρα¬ ἔγνω ᾗσιν ἐνὶ φρεσὶ γήθησέν τε,
i 16.531*	ὅττι οἱ ὦκ' ἤκουσε μέγας θεὸς ⌐εὐξαμένης κεν¬.

1009 τὸ δέ τ' 1010 γὰρ ... γε 1011 πουλυβότειραν 1016 ἠδ'
ἐπιθήσει 1023 γύναι 1037 Γλαῦκος δ' 1038 εὐξαμένοιο

ἥ δ᾿ ὅτε δὴ οὗ πατρὸς ἀγακλυτὰ δώμαθ᾿ ἵκανε,   o7.3
1040 κέκλετό γ᾿ ἀμφιπόλοισιν ἐϋπλοκάμοις κατὰ δῶμα·   i22.442
ἥ δ᾿ εἰς ὑψόροφον θάλαμον κίε δῖα γυναικῶν,   i3.423
ʿκαὶ δή᾿ γ᾿ ἱστὸν ὕφαινε μυχῷ δόμου ὑψηλοῖο,   i22.440†
δίπλακα πορφυρέην, ἐν δὲ θρόνα ποικίλ᾿ ἔπασσε.   i22.441
ἥ δ᾿ αὖτις δμῳῇσιν ἐϋπλοκάμοισι μετηύδα,   i22.449
1045 "δεῦτε, δύω μοι ἕπεσθον, ἴδωμ᾿ ὅτιν᾿ ἔργα τέτυκται."   i22.450

περὶ τῆς Σαμαρίτιδος

ἦμος δ᾿ ἠέλιος μέσον οὐρανὸν ἀμφιβεβήκει,   i8.68
ʿκαὶ τότε᾿ δὴ στείχοντες ὁδὸν κάτα παιπαλόεσσαν,   o17.204†
ἄστεος ἔγγυς ἔσαν καὶ ἐπὶ κρήνην ἀφίκοντο   o17.205
τυκτὴν καλλίροον, ὅθεν ὑδρεύοντο πολῖται.   o17.206
1050 ἀμφὶ δ᾿ ἄρ᾿ αἰγείρων ὑδατοτροφέων ἦν ἄλσος,   o17.208
πάντοσε κυκλοτερές, κατὰ δὲ ψυχρὸν ῥέεν ὕδωρ·   o17.209
κούρῃ δὲ ξύμβλητο πρὸ ἄστεος ὑδρευούσῃ,   o10.105 *
ἥ μὲν ἄρ᾿ ἐς κρήνην κατεβήσατο καλλιρέεθρον   o10.107
Ἀρτακίην· ἔνθεν γὰρ ὕδωρ προτὶ ἄστυ φέρεσκεν.   o10.108 *
1055 ἔνθα καθέζετ᾿ ἰών, τῇ δ᾿ ἐξερέεινεν ἕκαστα.   o17.70 *
μειλιχίοις δ᾿ ἐπέεσσι καθαπτόμενος προσέειπεν·   o24.393
"τίφθ᾿ οὕτω ʿἀνδρὸς᾿ νοσφίζεαι, οὐδὲ παρ᾿ αὐτὸν   o23.98†
ἑζομένη μύθοισιν ἀνείρεαι ʿἠδὲ᾿ μεταλλᾷς;   o23.99@
καὶ δ᾿ ʿἄλλην᾿ νεμεσῶ, ἥ τις τοιαῦτά γε ῥέζοι·   o6.286@
1060 ἥ τ᾿ ἀέκητι φίλων πατρὸς καὶ μητρὸς ἐόντων,   o6.287
ἀνδράσι μίσγηται πρίν γ᾿ ἀμφάδιον γάμον ἐλθεῖν.   o6.288
οὐ μέν κ᾿ ἄλλη γ᾿ ὧδε γυνὴ τετληότι θυμῷ   o23.100
ἀνδρὸς ἀποσταίη, ὅς τοι κακὰ πόλλ᾿ ἐμόγησε.   o23.101 *
σοὶ δ᾿ αἰεὶ κραδίη στερεωτέρη ἐστὶ λίθοιο."   o23.103
1065 ἥ δ᾿ οὔτ᾿ ἠρνεῖτο στυγερὸν γάμον οὔτε τελεύτα.   o24.126

1042 ἀλλ᾿ ἥ   1047 ἀλλ᾿ ὅτε   1057 πατρὸς   1058 οὐδὲ
1059 ἄλλη

o6.66	ὡς ἔφατ'· αἴδετο γὰρ θαλερὸν γάμον ἐξονομῆναι
o6.67†	⌐ἀνδρὶ⌐ φίλῳ· ὁ δὲ πάντα νόει καὶ ἀμείβετο μύθῳ·
o6.178†	"ἄστυ τέ μοι δεῖξον, δός ⌐μοί ϑ' ὕδωρ κορέσασϑαι.⌐"
o23.93	ἡ δ' ἄνεω δὴν ἧστο, τάφος δέ οἱ ἦτορ ἵκανεν·
o23.94	ὄψει δ' ἄλλοτε μέν μιν ἐνωπαδίως ἐσίδεσκεν.
o15.434 *	τὸν δ' αὖτε προσέειπε γυνὴ καὶ ἀμείψατο μύθῳ
i17.437 * +o6.329†	οὖδει ἐνισκίμψασα καρήατι· αἴδετο γὰρ ⌐μιν⌐
o23.105†	"'ξεῖνε, ἐπεὶ' θυμός μοι ἐνὶ στήθεσσι τέθηπεν,
o23.106	οὔτέ τι προσφάσθαι δύναμαι ἔπος οὐδ' ἐρέεσθαι
o23.107†	οὐδ' εἰς ὦπα ἰδέσθαι ἐναντίον· ⌐αἰδέομαι γάρ⌐.
o17.273	ῥεῖ' ἔγνως, ἐπεὶ οὐδὲ τά τ' ἄλλα πέρ ἐσσ' ἀνόημων.
o17.138	ταῦτα δ' ἅ μ' εἰρωτᾷς καὶ λίσσεαι, οὐκ ἂν ἔγωγε
o17.139† *	ἄλλα παρὲξ εἴποιμι ⌐παραβλήδην⌐ ἀπατήσων.
o17.141	τῶν οὐδέν τοι ἐγὼ κρύψω ἔπος οὐδ' ἐπικεύσω.
o11.507	πᾶσαν ἀληθείην μυθήσομαι, ὥς με κελεύεις.
o6.194	ἄστυ δέ τοι δείξω, ἐρέω δέ τοι οὔνομα λαῶν.
o 3.361†	εἴμ', ἵνα θαρσύνω ⌐ϑ'⌐ ἑτάρους εἴπω τε ἕκαστα.
i9.603†	ἔρχεο· ἴσον γάρ σε θεῷ τείσουσιν ⌐ἅπαντες⌐,
o8.236	ξεῖν', ἐπεὶ οὐκ ἀχάριστα μεθ' ἡμῖν ταῦτ' ἀγορεύεις,
o8.237	ἀλλ' ἐθέλεις ἀρετὴν σὴν φαινέμεν, ἥ τοι ὀπηδεῖ.
o6.191†	⌐ξεῖν'⌐, ἐπεὶ ἡμετέρην τε πόλιν καὶ γαῖαν ἱκάνεις,
o6.192†	οὔτ' οὖν ἐσθῆτος δευήσεαι οὔτε ⌐ποτῆτος⌐.
i9.154	ἐν δ' ἄνδρες ναίουσι πολύρρηνες πολυβοῦται,
i9.155	οἵ κέ σε δωτίνῃσι θεὸν ὣς τιμήσουσι.
o6.158	κεῖνος δ' αὖ περὶ κῆρι μακάρτατος ἔξοχον ἄλλων,
o6.159@	ὅς κέ ⌐σε ἔδνοισι⌐ βρίσας οἶκόνδ' ἀγάγηται.
o7.299†	ξεῖν', ἤ τοι μὲν τοῦτό γ' ἐναίσιμον οὐκ ἐνόησα,

1070

1075

1080

1085

1090

1095

1067 πατρὶ **1068** δὲ ῥάκος ἀμφιβαλέσθαι **1072** ῥα
1073 τέκνον ἐμὸν **1075** εἰ δ' ἐτεὸν δὴ **1078** παρακλιδὸν
οὐδ' **1082** ϑ' deest in Iv **1083** Ἀχαιοί **1086** νῦν δὲ
1087 ἐσθῆτος Hom : βρώσιος Iv ... τευ ἄλλου **1091** σ' ἐέδ-
νοισι **1092** ἔναισμον Steph, Hom : αἰνέσιμον Iv

ἀλλ' ἄγε μοι τόδε εἰπὲ καὶ ἀτρεκέως κατάλεξον,　　*i 10.384*
ξεῖν', ἐπεὶ οὔτε κακῷ οὔτ' ἄφρονι φωτὶ ἔοικας.　　*o 6.187*
1095 καί μοι τοῦτ' ἀγόρευσον ἐτήτυμον, ὄφρ' ἐῢ εἰδῶ·　　*o 1.174*
τίς πόθεν εἰς ἀνδρῶν; πόθι τοι πόλις ἠδὲ τοκῆες;　　*o 1.170*
τρισμάκαρες μὲν σοί γε πατὴρ καὶ πότνια μήτηρ.　　*o 6.154*
εἴπ' ὄνομ' ὅττι σε κεῖθι κάλεον πατήρ τε μήτηρ τε,　　*o 8.550*
ἄλλοι θ' οἳ κατὰ ἄστυ καὶ οἳ περιναιετάουσιν.　　*o 8.551*
1100 οὐ γὰρ ἀπὸ δρυός ἐσσι παλαιφάτου οὐδ' ἀπὸ πέτρης.　　*o 19.163*
οὐ μὲν γάρ τις πάμπαν ἀνώνυμός ἐστ' ἀνθρώπων,　　*o 8.552*
οὐ κακὸς οὐδέ μὲν ἐσθλός, ἐπὴν τὰ πρῶτα γένηται,　　*o 8.553*
ἀλλ' ἐπὶ πᾶσι τίθενται, ἐπεί κε τέκωσι, τοκῆες.　　*o 8.554*
εἰπὲ δέ μοι γαῖάν τε τεὴν δῆμόν τε πόλιν τε.　　*o 8.555*
1105 εἰπέ μοι, αἴ κέ ποθι γνώω τοιοῦτον ἐόντα.　　*o 14.118*
οὐ γάρ πω ῾τοιοῦτον ἴδον βροτὸν᾽ ὀφθαλμοῖσιν,　　*o 6.160@*
οὔτ' ἄνδρ' οὔτε γυναῖκα· σέβας μ' ἔχει εἰσορόωσαν.　　*o 6.161 **
χαῖρε, ξεῖν', ἵνα καί ποτ' ἐὼν ἐν πατρίδι γαίῃ,　　*o 8.461*
μνήσῃ ἐμεῖ', ὅτι μοι πρώτῃ ζωάγρι' ὀφέλλεις.　　*o 8.462*
1110 τῷ κέν τοι καὶ κεῖθι θεῷ ὣς εὐχετοῴμην　　*o 8.467*
αἰεὶ ἤματα πάντα· σὺ γάρ μ' ἐβιώσαο κούρην.　　*o 8.468 **
῾ὦ ξεῖν᾽, ἔξοχα δή σε βροτῶν αἰνίζομ' ἁπάντων.　　*o 8.487†*
αἰδῶ καὶ φιλότητα τεὴν μετόπισθε φυλάσσων.　　*i 24.111*
ὦ ῾ξεῖν᾽', ἦ ῥ' ἀγαθὸν καὶ ἐναίσιμα δῶρα διδοῦναι.　　*i 24.425†*
1115 εἴμ', ἵνα θαρσύνω ῾θ᾽ ἑτάρους εἴπω τε ἕκαστα."　　*o 3.361†*
ὣς ἄρα φωνήσασ' ἀπεβήσατο, τὸν δ' ἔλιπ' αὐτοῦ.　　*i 1.428*
ἢ δ' ῾ἔθει᾽ οὐ μάλα πολλὸν ἐπὶ χρόνον· αἶψα γὰρ ἦλθε.　　*o 12.407†*
αὐτὰρ ἐπὴν πόλιος ἐπεβήσατο ἣν πέρι πύργος　　*o 6.262 **
ὑψηλός, καλὸς δὲ λιμὴν ἑκάτερθε πόληος.　　*o 6.263*
1120 θάμβησεν κατὰ θυμόν· ὀΐσατο γὰρ θεὸν εἶναι.　　*o 1.323*
῾αὐτίκα καὶ᾽ πᾶσιν μυθήσατο ἀνθρώποισιν·　　*o 8.497† **
"δεῦτ' ἄγε, ῾Σικήμων᾽ ἡγήτορες ἠδὲ μέδοντες　　*o 8.11†*

1106 τοιοῦτον ἐγὼ ἴδον　1112 Δημόδοκ'　1114 τέκος ...
ἔναισιμα Steph, Hom : αἰνέσιμα Iv　1117 verbum om. Iv
1121 αὐτίκ' ἐγὼ　1122 Φαιήκων

o 8.12   εἰς ἀγορὴν ἰέναι, ὄφρα ξείνοιο πύθησθε,

?   ὃς πέρ μοι βίον εἶπε καὶ ἔργματα καὶ γόον αὐτόν,

o 8.491   ὥς τέ που ἢ αὐτὸς παρεὼν ἢ ἄλλου ἀκούσας,   1125

o 9.14†   τί πρῶτόν ⸀τί δ" ἔπειτα τί δ' ὑστάτιον καταλέξω;

o 4.231 *   ἰητρὸς δὲ ἑκάστῳ ἐπιστάμενος περὶ πάντων

o 4.232 *   ἀνθρώπων· ἦ γὰρ Παιήονός ἐστι γενέθλης.

o 8.388   ὁ ξεῖνος μάλα μοι δοκέει πεπνυμένος εἶναι.

o 12.35 *   αὐτὰρ ἐγὼ τῷ πάντα κατὰ μοῖραν κατέλεξα.   1130

o 8.490 * †   ὅσσ' ἔρξα τ' ἔπαθόν τε καὶ ὅσσ' ἐμόγησα ⸀βίῳ κεν⸀,

o 4.392 *   ὅττι μοι ἐν μεγάροισι κακὸν τ' ἀγαθὸν τε τέτυκται.

o 17.373   αὐτὸν δ' οὐ σάφα οἶδα, πόθεν γένος εὔχεται εἶναι.

o 3.69†   νῦν ⸀δέ γε⸀ κάλλιόν ἐστι μεταλλῆσαι καὶ ἔρεσθαι

o 1.406   ὁππόθεν οὗτος ἀνήρ, ποίης δ' ἐξ εὔχεται εἶναι   1135

o 1.407   γαίης, ποῦ δέ νύ οἱ γενεὴ καὶ πατρὶς ἄρουρα.

o 6.201   οὐκ ἔσθ' οὗτος ἀνὴρ διερὸς βροτὸς οὐδὲ γένηται.

o 16.196   οὐ γάρ πως ἂν θνητὸς ἀνὴρ τάδε μηχανόῳτο

o 16.197†   ᾧ αὐτοῦ ⸀γε νόῳ⸀, ὅτε μὴ θεός αὐτὸς ἐπελθών

o 16.198   ῥηϊδίως ἐθέλων θείη νέον ἠδὲ γέροντα.   1140

o 3.246   ὥς τέ μοι ἀθάνατός γ' ἰνδάλλεται εἰσοράασθαι

o 4.247   ἄλλῳ δ' αὐτὸν φωτὶ κατακρύπτων ἤϊσκε.

i 23.469   ἀλλὰ ἴδεσθε καὶ ὕμμες ἀνασταδόν· οὐ γὰρ ἔγωγε

i 23.470   εὖ διαγιγνώσκω· δοκέει δέ μοι ἔμμεναι ἀνήρ."

o 8.15   ὣς εἰποῦσ' ὄτρυνε μένος καὶ θυμὸν ἑκάστου.   1145

o 8.16   καρπαλίμως δ' ἔπληντο βροτῶν ἀγοραί τε καὶ ἕδραι

o 8.17   ἀγρομένων· πολλοὶ δ' ἄρα θηήσαντο ἰδόντες·

o 3.35   χερσίν τ' ἠσπάζοντο καὶ ἑδριάασθαι ἄνωγον

i 23.202   βηλῷ ἔπι λιθέῳ· τοὶ δ' ὡς ἴδον ὀφθαλμοῖσι,

i 23.203   πάντες ἀνήϊξαν, κάλεόν τέ μιν εἰς ἓ ἕκαστος,   1150

i 16.192 * †   ἀμφαγαπαζόμενοι ὡς εἰ ⸀θεοῦ⸀ υἱὸν ἐόντα.

o 8.57   πλῆντο δ' ἄρ' αἴθουσαί τε καὶ ἔρκεα καὶ δόμοι ἀνδρῶν.

1126 τοι   1131 βίῳ κεν conieci pro βίωσκεν Iv : Ἀχαιοί
1134 δὴ   1139 verba om. Iv   1145 ὄτρυνε   1151 θ' ἑὸν

περὶ τῶν ἑπτὰ ἄρτων

ἀλλ᾽ ὅτε δή ῥ᾽ ἐκίχανε πολὺν καθ᾽ ὅμιλον ὀπάζων,   i 5.334
βῆ ῥ᾽ ἂν᾽ ὁδὸν μεμαώς· τὸν δ᾽ ἐφράσατο προσίοντα   i 10.339
1155 πληθύς, ὡς ὁπότε ⌜Ζέφυρος νέφεα⌝ στυφελίξῃ,   i 11.305 * @
ὅσσαι ἀριστήων ἄλοχοι ἔσαν ἠδὲ θύγατρες,   o 11.227
νύμφαι τ᾽ ἠΐθεοί τε πολύτλητοί τε γέροντες·   o 11.38
χωλοί τε ῥυσσοί τε παραβλῶπές τ᾽ ⌜ὀφθαλμῶν⌝.   i 9.503 @
ἀλλ᾽ οὔ πω τοιόνδε τοσόνδε τε λαὸν ὄπωπα·   i 2.799
1160 λίην γὰρ φύλλοισιν ἐοικότες ἢ ψαμάθοισιν   i 2.800
ἠϊόνος προπάροιθε βαθείης ἐστι χόωντο   i 2.92
ἠχῇ, ὡς ὅτε κῦμα πολυφλοίσβοιο θαλάσσης   i 2.209
αἰγιαλῷ μεγάλῳ βρέμεται, σμαραγεῖ δέ τε πόντος.   i 2.210
⌜οὔτ᾽ ἄρ᾽⌝ πάντων ἦεν ὁμὸς θρόος οὐδ᾽ ἴα γῆρυς,   i 4.437 †
1165 ἀλλὰ γλῶσσ᾽ ἐμέμικτο, πολύκλητοι δ᾽ ἔσαν ἄνδρες.   i 4.438
τῶν δ᾽ ἄλλων τίς κεν ⌜ἦσι⌝ φρεσὶν οὐνόματ᾽ εἴπη;   i 17.260 * †
ὡς ἄρα τῶν ὑπὸ ποσσὶ μέγα στοναχίζετο γαῖα   i 2.784
ἐρχομένων· μάλα δ᾽ ὦκα διέπρησσον πεδίοιο,   i 2.785
ἠΰτε ἔθνεα εἶσι μελισσάων ἀδινάων   i 2.87
1170 πέτρης ἐκ γλαφυρῆς αἰεὶ νέον ἐρχομενάων·   i 2.88
βοτρυδόν ⌜τε⌝ πέτονται ἐπ᾽ ἄνθεσιν εἰαρινοῖσιν,   i 2.89 †
αἱ μέν τ᾽ ἔνθα ἅλις πεποτήαται, αἱ δέ τε ἔνθα.   i 2.90
ὡς τῶν ἔθνεα πολλὰ νεῶν ἄπο καὶ κλισιάων   i 2.91
ἠϊόνος προπάροιθε βαθείης ἐστι χόωντο.   i 2.92
1175 δὴ τότ᾽ ἔπειθ᾽ ἑτάροισιν ἐποτρύνας ἐκέλευσεν·   o 11.44 *
"ὑμῶν ἀνδρὶ ἑκάστῳ ἐφιέμενος τάδε εἴρω,   o 13.7
ὡς ἄν ⌜μοι⌝ τιμὴν μεγάλην καὶ κῦδος ἄρησθε,   i 16.84 † *
τιμήν, ἥ τ᾽ ἄλλων περ ἐπιγνάμπτει νόον ἐσθλῶν·   i 9.514
πολλοὶ δὴ ξεῖνοι ταλαπείριοι ἐνθάδ᾽ ἵκοντο,   o 19.379
1180 καὶ μάλα τειρόμενοί περ· ἀναγκαίη γὰρ ἐπείγει·   i 6.85

1155 νέφεα Ζέφυρος   1158 ὀφθαλμώ   1164 οὐ γὰρ
1165 ἦσι Steph, Hom : ἐνὶ Iv   1171 δὲ   1177 μοι deest in Iv

44 EVDOCIA

τοὺς νῦν χρὴ κομέειν. πρὸς γὰρ ˻θεοῦ˼ εἰσὶν ἅπαντες
ξεῖνοί τε πτωχοί τε· δόσις δ' ὀλίγη τε φίλη τε.
οὐ μὲν γάρ τι που ἐστὶν ὀϊζυρώτερον ἀνδρὸς
πάντων ὅσσα τε γαῖαν ἔπι πνείει τε καὶ ἕρπει.
οὐ μὲν γάρ ποτέ φησι κακὸν πείσεσθαι ὀπίσσω,   1185
ὄφρ' ἀρετὴν παρέχῃσι θεὸς καὶ γούνατ' ὀρώρῃ·
ἀλλ' ὅτε δὴ καὶ λυγρὰ θεὸς μάκαρ ἐκτελέῃσι,
καὶ τὰ φέρει ἀεκαζόμενος τετληότι θυμῷ.
τοῖος γὰρ νόος ἐστὶν ἐπιχθονίων ἀνθρώπων
οἷον ἐπ' ἦμαρ ἄγῃσι θεὸς πάντεσσιν ἀνάσσων.   1190
πάντες μὲν στυγεροὶ θάνατοι δειλοῖσι βροτοῖσι,
λιμῷ δ' οἴκτιστον θανέειν καὶ πότμον ἐπισπεῖν.
οὐδὲν ἀκιδνότερον γαῖα τρέφει ἀνθρώποιο.
αἶψα γὰρ ἐν κακότητι βροτοὶ καταγηράσκουσιν.
οἵη περ φύλλων γενεὴ, τοιήδε καὶ ἀνδρῶν.   1195
χρὴ ξεῖνον παρεόντα φιλεῖν, ἐθέλοντα δὲ πέμπειν.
τοῦ γάρ τε ξεῖνος μιμνήσκεται ἤματα πάντα
ἀνδρὸς ξεινοδόκου, ὃς κεν φιλότητα παράσχῃ.
ἴσόν τοι κακόν ἐσθ', ὅς τ' οὐκ ἐθέλοντα νέεσθαι
ξεῖνον ἐποτρύνῃ καὶ ὃς ἐσσύμενον κατερύκῃ.   1200
ἀλλ' ἄγεθ', ὡς ἂν ἐγὼ εἴπω, πειθώμεθα πάντες·
μοίρας δασσάμενοι δαίνυσθ' ἐρικυδέα δαῖτα.
δήμῳ καί κε τότ' ἀντήσαιτο δεῦρο μολόντες·
μεῖζόν κε κλέος εἴη ἐμὸν καὶ κάλλιον οὕτω."
ὡς ἔφαθ', οἱ δ' ἄρα τοῦ μὲν κλύον ἠδ' ἐπίθοντο.   1205
καρπαλίμως δ' ἔπληντο βροτῶν ἀγοραί τε καὶ ἕδραι.
κινήτη δ' ἀγορὴ ˻ὡς˼ κύματα μακρὰ θαλάσσης.
σπουδῇ δ' ἕζετο λαός, ἐρήτυθεν δὲ καθ' ἕδρας.
ἐννέα δ' ἕδραι ἔσαν, πεντηκόσιοι δ' ἐν ἑκάστῃ.
δὴ τότ' ἔπειθ' ἑτάροισιν ἐποτρύνας ἐκέλευσεν·   1210
ἄρτον τ' οὖλον ἑλὼν περικαλλέος ἐκ κανέοιο,

1181 Διός   1203 ἀντήσαιτο conieci pro ἀντήσετον Iv
1207 φὴ

εὔχετο· τοὶ δ' ἅμα πάντες ὑπ' αὐτόφιν εἴατο σιγῇ.   i 19.255
αὐτὰρ ἔπειτ' ἄλλοισι δίδου χαρίεσσαν ἀμοιβήν.   o 3.58
λαοὶ δ' ἠρήσαντο Ꞌθεῷ ἰδὲꞋ χεῖρας ἀνέσχον.   i 7.177 *
1215 αὐτὰρ ἐπεὶ τάρπησαν ὁρώμενοι ὀφθαλμοῖσι,   o 10.181
χεῖρας νιψάμενοι τεύχοντ' ἐρικυδέα δαῖτα.   o 10.182
οἱ δ' ἐπ' ὀνείαθ' ἑτοῖμα προκείμενα χεῖρας ἴαλλον,   o 14.453
ἐσσυμένως δ' ἄρα δόρπον ἐφοπλίσσαντες ἕκαστοι   i 23.55
δαίνυντ', οὐδέ τι θυμὸς ἐδεύετο δαιτὸς ἐΐσης.   i 23.56
1220 αὐτὰρ ἐπεὶ τάρπησαν ἐδητύος ἠδὲ ποτῆτος   o 5.201
ἁρπαλέως· δηρὸν γὰρ ἐδητύος ἦσαν ἄπαστοι.   o 6.250 *
οἱ μὲν κακκείοντες ἔβαν κλισίηνδε ἕκαστος,   i 23.58
ἐν καθαρῷ, ὅθι κύματ' ἐπ' ἠϊόνος κλύζεσκεν·   i 23.61 *
οἱ δὲ πανημέριοι μολπῇ θεὸν ἱλάσκοντο.   i 1.472
1225 ἦμος δ' ἥλιος κατέδυ καὶ ἐπὶ κνέφας ἦλθε,   i 1.475
Ꞌδὴ τότεꞋ κοιμήσαντο τεταρπόμενοι φίλον ἦτορ   i 9.705 † *
σίτου καὶ οἴνοιο· τὸ γὰρ μένος ἐστὶ καὶ ἀλκή.   i 9.706

περὶ τοῦ Λαζάρου

ὣς ὁ μὲν ἔνθα κατέσχετ', ἐπειγόμενός περ ὁδοῖο,   o 3.284
εὖτε ꞋδὲꞋ ἠέλιος φαέθων ὑπερέσχεθε γαίης,   i 11.735 †
1230 οἷον καὶ τόδ' ἔρεξε καὶ ἔτλη καρτερὸς ἀνήρ.   o 4.271
ἄνδρα θνητὸν ἐόντα, πάλαι πεπρωμένον αἴσῃ   i 22.179
εἰς Ἀϊδός περ ꞋἐόνταꞋ πυλάρταο κρατεροῖο,   i 13.415 @
αὖθις ἀνεστήσαο ὑπὸ ζόφου ἠερόεντος.   i 21.56 *
Ꞌδὴ τότε γάρ τις ἔειπε γυναικῶν, ἢ σάφα ἤδη,   o 2.108 †
1235 οἴκτρ' ὀλοφυρομένη, θαλερὸν κατὰ δάκρυ χέουσα·   o 10.409 *
"πεύσεαι ἀγγελίης, ἢ μὴ ὤφελλε γενέσθαι,   i 18.19
λυγρῆς ἀγγελίης, ὅτι σοι φίλος ὤλεθ' ἑταῖρος·   i 17.642 *
λυγρῆς, ἥ τέ μοι αἰεὶ ἐνὶ στήθεσσι φίλον κῆρ   o 1.341

1214 θεοῖσι δὲ   1226 νῦν μὲν   1229 γὰρ   1231 ἰόντα
1234 καὶ τότε δή

46   EVDOCIA

τείρει, ἐπεί με μάλιστα καθίκετο πένθος ἄλαστον.
καὶ γὰρ ἐμὸς τέθνηκεν ἀδελφεός, οὔ τι κάκιστος.   1240
τέτρατον ἦμαρ ἔην, καὶ τῷ τετέλεστο ἅπαντα,
τύμβος τε στήλη τε· τὸ γὰρ γέρας ἐστὶ θανόντων.
ἀλλ᾿ εἴ τοι φίλος ἐστί, τεὸν δ᾿ ὀλοφύρεται ἦτορ,
ἀλλὰ σύ γ᾿ ὄρνυθι τοῦτον, ἐπειγέσθω δὲ καὶ αὐτὸς
ζωὸς ἐών· νῦν αὖ θάνατος καὶ μοῖρα κιχάνει.   1245
⟨νῦν⟩ ἐλέαιρε, ἄναξ· ἱκέτις δέ τοι εὔχομαι εἶναι."
ὣς εἰποῦσ᾿ ὀλόλυξε, θεὸς δέ οἱ ἔκλυεν ἀρῆς.
ὣς φάτο, τὸν δ᾿ ἄχος ὀξὺ κατὰ φρένα τύψε βαθεῖαν,
καί μιν φωνήσας ἔπεα πτερόεντα προσηύδα·
"ὦ γύναι, ἦ μάλα τοῦτο ἔπος θυμαλγὲς ἔειπας·   1250
ὦ γύναι, οὐ μέν τοι τάδ᾿ ἐφιεμένη ἀπιθήσω·
ἐσθλὸν γὰρ ⟨θείῳ⟩ χεῖρας ἀνασχέμεν, αἴ κ᾿ ἐλεήσῃ.
θάρσει, μή τοι ταῦτα μετὰ φρεσὶ σῇσι μελόντων.
ἤδη γάρ μοι θυμὸς ἐπέσσυται ὄφρ᾿ ἐπαμύνω
ῥηϊδίως· τοῖός τοι ἐγὼν ἐπιτάρροθος ἦα.   1255
δαιμονίη, μή μοί τι λίην ἀκαχίζεο θυμῷ·
θάρσει, μηδέ τί τοι θάνατος καταθύμιος ἔστω.
ὧδε γὰρ ἐξερέω, τὸ δὲ καὶ τετελεσμένον ἔσται·
εἰ δὲ θανόντων περ καταλήθοντ᾿ εἰν Ἀΐδαο,
αὐτὰρ ἐγὼ καὶ κεῖθι φίλου μεμνήσομ᾿ ἑταίρου.   1260
ἂψ ἐθέλω θανάτοιο δυσηχέος ἐξαναλῦσαι.
καὶ δέ με θυμὸς ἄνωγεν, ἐπεὶ μάθον ἔμμεναι ἐσθλός.
μηκέτι νῦν θαλερὸν γόον ὄρνυθι· οἶδα καὶ αὐτός.
ἀλλ᾿ ἴσχεο κλαυθμοῖο γόοιό τε δακρυόεντος.
⟨ἦ⟩ γάρ κέν μιν ἔπειτα καὶ ἐκ θανάτοιο σαώσω."   1265
ὣς φάτο, τῆς δὲ ⟨ἐνῶρσε⟩ γόον, σχέθε δ᾿ ὄσσε γόοιο.
ὣς ἄρα φωνήσας ἡγήσατο· τοὶ δ᾿ ἅμ᾿ ἕποντο
μυρίοι, ὅσσά τε φύλλα καὶ ἄνθεα γίνεται ὥρῃ.
ἀλλ᾿ ὅτε δὴ μέσσην ἀγορὴν πολύφημον ἱκέσθην,

1246 ἀλλ᾿   **1252** Διί   **1265** ἦ   **1266** εὔνησε

1270 ἷξεν γ᾽ ἐς σπεῖος γλαφυρὸν θεὸς ἠδὲ καὶ ἀνήρ.   o 5.194
     ἱστάμενοι δ᾽ εἴροντο περὶ σπέος ὅττι ⌜κεν ἔρδοι⌝.   o 9.402†
     ὤμωξέν τ᾽ ἄρ ἔπειτα, φίλον δ᾽ ὀνόμηνεν ἑταῖρον·   i 23.178
     στῆ δ᾽ ἄρ ὑπὲρ κεφαλῆς καί μιν πρὸς μῦθον ἔειπεν·   o 23.4
     "⌜ὄρνυθι⌝, μηδ᾽ ἔτι κεῖσο." σέβας δ᾽ ἔχεν εἰσορόωντας   i 18.178
                                                                                 + o 3.123 * †
1275 "σοὶ δ᾽ αὐτῷ τόδ᾽ ἐγὼν ἐπιτέλλομαι ἠδὲ κελεύω."   i 19.192
     ὣς φάθ᾽, ὁ δ᾽ ἐξ ὕπνοιο μάλα κραιπνῶς ἀνόρουσεν.   i 10.162
     ⌜ὣς μὲν ἔπειτ᾽⌝ ἀνένεικε καὶ ἤγαγεν ἐξ Ἀΐδαο   o 11.625† *
     φθεγξάμενος· τὸν δ᾽ αἶψα περὶ φρένας ἤλυθ᾽ ἰωή.   i 10.139
     ἂψ δὲ μελαγχροιὴς γένετο, γναθμοὶ δὲ τάνυσθεν.   o 16.175
1280 κυάνεαι δ᾽ ἐγένοντο ⌜ἐθειράδες⌝ ἀμφὶ γένειον.   o 16.176 @
     αὐτὰρ ἐπεί ῥ᾽ ⌜ἄμπνυτο⌝ καὶ ἐς φρένα θυμὸς ἀγέρθη,   o 24.349 @
     ἔσσυτ᾽ ἀνα πρόθυρον καὶ ὑπέρβη λάϊνον οὐδόν.   o 14.34†
                                                                                 + 16.41
     ἔστη δ᾽ ἐν μέσσοισι· τάφος δ᾽ ἕλεν ἄνδρα ἕκαστον.   o 24.441 *
     καρπαλίμως δ᾽ ὅδ᾽ ἔπειτα μετ᾽ ἴχνια βαῖνε θεοῖο.   o 7.38
1285 ⌜πάντας⌝ δὲ τρόμος αἰνὸς ὑπήλυθε γυῖα ἑκάστου,   i 7.215† *
     ὡς εἶδον ζωόν τε καὶ ἀρτεμέα προσιόντα.   i 5.515
     ὧδε δέ τις εἴπεσκεν ἰδὼν ἐς πλησίον ἄλλον·   i 22.372
     "ὢ πόποι, ἦ μέγα θαῦμα τόδ᾽ ὀφθαλμοῖσιν ὁρῶμαι·   i 20.344
     οὐ γάρ πω ἰδόμην, οὐδ᾽ ἔκλυον αὐδήσαντος,   i 10.47
1290 ἀθάνατον θεὸν ὧδε βροτοὺς ἀγαπαζέμεν ἄντην.   i 24.464
     καὶ νῦν ἐξεσάωσεν ὀϊόμενον θανέεσθαι.   i 4.12
     οὐ γάρ πως ἂν θνητὸς ἀνὴρ τάδε μηχανόωτο.   o 16.196
     οἷον ⌜ὅδ᾽⌝ αὖτ᾽ ἐξαῦτις ἀνέστη πότμον ἀλύξας,   i 15.287
     ταρβήσας, ὅτ᾽ ἄκουσε θεοῦ ὄπα φωνήσαντος.   i 20.380
1295 ὦ φίλοι, οὐ μέν πώ τι πάρος ⌜περ τοῖον⌝ ἐτύχθη,   o 18.36 *
     οἵην τερπωλὴν θεὸς ἤγαγεν ἐς τόδε δῶμα."   o 18.37
     καὶ τότε δὴ πρόπαν ἦμαρ ἐς ἠέλιον καταδύντα,   i 1.601

1271 ἑ κήδοι   1274 ἀλλ᾽ ἄνα   1277 τὸν μὲν ἐγὼ   1280 γενεί-
αδες   1281 ἔμπνυτο   1282 πρόθυρον   Hom : θορῶν Iv
1284 ὁ δ᾽   1285 Τρῶας   1293 δ᾽   1295 περ deest in Iv :
τοιοῦτον Hom   1297 ὣς ... μὲν

i 2.789 † πάντες ὁμηγερέες ⌜γ"⌝ ἠμὲν νέοι ἠδὲ γέροντες,
i 8.347 χεῖρας ἀνίσχοντες μεγάλ' εὐχετόωντο ἕκαστος.

περὶ τῆς τῶν μύρων ἀλειψάσης τὸν Κύριον

o 17.28 αὐτὰρ ἐπεί ῥ' ἵκανε δόμους εὖ ναιετάοντας, 1300
o 7.135 καρπαλίμως ὑπὲρ οὐδὸν ἐβήσατο δώματος εἴσω
o 8.6 ἐλθόντες δὲ κάθιζον ἐπὶ ξεστοῖσι λίθοισιν
i 9.586 † οἵ οἱ κεδνότατοι καὶ φίλτατοι ἦσαν ⌜ἑταίρων⌝.
o 17.96 † ⌜γυνὴ⌝ δ' ὑντίον ⌜ἦλθε⌝ παρὰ σταθμὸν μεγάροιο,
o 1.334 ἄντα παρειάων σχομένη λιπαρὰ κρήδεμνα. 1305
i 1.500 καί ῥα πάροιθ' αὐτοῖο καθέζετο καὶ λάβε γούνων,
i 9.570 πρόχνυ καθεζομένη· δεύοντο δὲ δάκρυσι κόλποι
i 8.371 * † ⌜καί⌝ οἱ γούνατ' ἔκυσσε καὶ ἔλλαβε χερσὶ ⌜ποδοῖιν⌝.
i 9.591 λίσσετ' ὀδυρομένη, καί οἱ κατέλεξεν ἅπαντα.
o 6.79 † * ⌜χεῦσε⌝ δὲ ⌜χρυσέου ἐκ ληκύθου⌝ ὑγρὸν ἔλαιον 1310
o 8.68 αὐτοῦ ὑπὲρ κεφαλῆς καὶ ἐπέφραδε χερσὶν ἑλέσθαι.
o 18.71 μνηστῆρες δ' ἄρα πάντες ὑπερφιάλως ἀγάσαντο.
i 1.333 αὐτὰρ ὁ ἔγνω ᾗσιν ἐνὶ φρεσὶ φώνησέν τε,
o 19.348 @ "⌜τῇδε δ' ἂν οὐ⌝ φθονέοιμι ποδῶν ἅπτασθαι ἐμοῖο.
o 19.107 ὦ γύναι, οὐκ ἄν τις σὲ βροτῶν ἐπ' ἀπείρονα γαῖαν 1315
o 19.108 νεικέοι· ἦ γάρ σευ κλέος οὐρανὸν εὐρὺν ἱκάνει,
o 19.109 ὥς τέ τευ ἢ βασιλῆος ἀμύμονος, ὅς τε θεουδὴς
o 19.110 * ἀνδράσιν ἐν πολλοῖσι καὶ ἰφθίμοισιν ἀνάσσοι,
o 19.111 εὐδικίας ἀνέχῃσι, φέρῃσι δὲ γαῖα μέλαινα.
i 23.647 τοῦτο δ' ἐγὼ πρόφρων δέχομαι, χαίρει δέ μοι ἦτορ, 1320
i 23.648 ὥς μευ ἀεὶ μέμνησαι ἐνηέος, οὐδέ σε λήθω.
o 2.372 θάρσει μοι, ἐπεὶ οὔ τι ἄνευ θεοῦ ἥδε γε βουλή.
i 23.650 * σοὶ δὲ θεὸς τοῦδ' ἀντὶ χάριν μενοεικέα δοίη.

1298 om. Hom. 1303 ἁπάντων 1304 μήτηρ ... ἵζε 1309 ἥ
... γενείου 1310 δῶκε ... χρυσέῳ ἐν ληκύθῳ sscr. Iv : χρυσέη
ἐν ληκύθῳ Hom 1314 τῇ δ' οὐκ ἄν

καί μιν ἔτισ' ὡς οὔ τις ἐπὶ χθονὶ τίεται ἄλλη. o 7.67
1325 ῥηΐδιον δὲ θεῷ, ὅς γ' οὐρανὸν εὐρὺν ἔχησιν, o 16.211 *
ἠμὲν κυδῆναι θνητὸν βροτὸν ἠδὲ κακῶσαι." o 16.212

περὶ τῆς προδοσίας

ἦν δέ τις ἐν μνηστῆρσιν ἀνὴρ ἀθεμίστια εἰδώς, o 20.287
αἰεὶ ἐνὶ στήθεσσι νόον πολυκερδέα νωμῶν· o 13.255
ὃς μέγα ἔργον ἔρεξεν ἀτασθαλίῃσι κακῇσι. o 24.458 *
1330 σχέτλιος οὐδὲ θεοῦ ὄπιν ⌜ἠδέσατ'⌝ οὐδὲ τράπεζαν, o 21.28 @
τὴν ⌜ἣν⌝ οἱ παρέθηκεν· ἔπειτα δὲ πέφνε καὶ αὐτόν. o 21.29 @
⌜ἀλλά γε⌝ μερμήριζε μένων ὅ τι κύντατον ⌜ἔρξει⌝. i 10.503†
⌜καὶ δ'⌝ ἀκέων κίνησε κάρη, κακὰ βυσσοδομεύων, o 17.465†
σχέτλιος, ὀβριμοεργός, ὃς οὐκ ὄθετ' αἴσυλα ῥέζων, i 5.403
1335 ⌜ὃς⌝ χρυσὸν φίλον ἀνδρὸς ἐδέξατο τιμήεντος. o 11.327† *
κινήσας δὲ κάρη προτὶ ὃν μυθήσατο θυμόν· i 17.442
"ὦ πόποι, ὡς ὅδε πᾶσι φίλος καὶ τίμιός ἐστιν o 10.38
ἀνθρώποις, ὅτεών κε πόλιν καὶ γαῖαν ἵκηται, o 10.39
ἀνδράσιν ἐν πολλοῖσι καὶ ἰφθίμοισιν ἀνάσσων. o 19.110
1340 ⌜ἦ⌝ μιν ἀποκτείνω, αἵ κε κρείσσων γε γένωμαι." o 22.167†
ἀλλ' ὃ γ' ἄρ οὐδὲ θεὸν μέγαν ἄζετο· ἵετο δ' αἰεὶ i 5.434†
πρεσβύτατον καὶ ἄριστον ἀτιμίῃσιν ἰάλλειν. o 13.142
τῷ καὶ ἀτασθαλίῃσιν ἀεικέα πότμον ἐπέσπε· o 22.317 *
νήπιος, οὐδέ τί οἱ ⌜τότ'⌝ ἐπήρκεσε λυγρὸν ὄλεθρον. i 2.873 @

περὶ τοῦ μυστηρίου

1345 αὐτὰρ ⌜ὅ γ' ἐκ⌝ κρίνας ἑτάρων δυοκαίδεκ' ἀρίστους, o 9.195†
ὄφρα οἱ αὐτόματοι θεῖον δυσαίατ' ἀγῶνα, i 18.376
στῆσεν ἐΰ κρίνας, κρατερὸν δ' ἐπὶ μῦθον ἔτελλε i 16.199

1331 om. Iv   1332 αὐτὰρ ὁ ... ἔρδοι   1333 ἀλλ'   1340 ἤ
1344 τό γ'   1345 ἐγώ

i 16.172 *	σημαίνων· αὐτὸς δὲ μέγα κρατέων ἤνασσεν.
ο 9.334 *	οἱ δ' ἔλαχον τοὺς ἂν κε καὶ ἤθελεν αὐτὸς ἑλέσθαι.
i 12.103	οἱ γάρ οἱ εἴσαντο διακριδὸν εἶναι ἄριστοι. 1350
ο 17.386@	οὗτοι γὰρ κλειτοί γε βροτῶν ἐπ' ἀπείρονα γαῖαν
i 12.104	τῶν ἄλλων μετά γ' αὐτόν· ὁ δ' ἔπρεπε καὶ διὰ πάντων.
i 24.790	αὐτὰρ ἐπεί ῥ' ἤγερθεν ὁμηγερέες τ' ἐγένοντο,
ο 24.208	ἔνθα οἱ οἶκος ἔην, περὶ δὲ κλίσιον θέε πάντῃ,
ο 18.345@	⌜ὥρμαινε⌝ φρεσὶν ᾗσιν, ἅ ῥ' οὐκ ἀτέλεστα γένοντο. 1355
ο 2.36	οὐδ' ἄρ ἔτι δὴν ἧστο, μενοίνησεν δ' ἀγορεύειν.
ο 14.466	καί τι ἔπος προέηκεν ὅ πέρ τ' ἄρρητον ἄμεινον.
i 3.97	"κέκλυτε νῦν καὶ ἐμεῖο· μάλιστα γὰρ ἄλγος ἱκάνει
i 3.98	θυμὸν ἐμόν, φρονέω δὲ διακριθήμεναι ἤδη
i 9.528	⌜βουλήν⌝· ἐν δ' ὑμῖν ἐρέω πάντεσσι φίλοισι. 1360
ο 12.154	ὦ φίλοι, οὐ γὰρ χρὴ ἕνα ἴδμεναι οὐδὲ δύ' οἴους.
ο 15.66	ἤδη γάρ μοι θυμὸς ἐέλδεται οἴκαδ' ἱκέσθαι
ο 3.2†	οὐρανὸν ἐς πολύχαλκον, ἵν' ἀθανάτοισι ⌜μετείην⌝.
i 9.649	ἀλλ' ὑμεῖς ἔρχεσθε καὶ ἀγγελίην ἀπόφασθε
ο 19.408	ἀνδράσιν ἠδὲ γυναιξὶν ἐπὶ χθόνα πουλυβότειραν, 1365
i 6.85	καὶ μάλα τειρόμενοί περ· ἀναγκαίη γὰρ ἐπείγει·
i 9.312†	ἐχθρός ⌜κέν⌝ μοι κεῖνος ὁμῶς' Ἀΐδαο πύλῃσιν,
i 9.313	ὅς χ' ἕτερον μὲν κεύθῃ ἐνὶ φρεσίν, ἄλλο δὲ εἴπῃ.
ο 8.209	ἄφρων δὴ κεῖνός γε καὶ οὐτιδανὸς πέλει ἀνήρ.
ο 13.7	ὑμῶν δ' ἀνδρὶ ἑκάστῳ ἐφιέμενος τάδε εἴρω, 1370
i 16.282	μηνιθμὸν μὲν ἀπορρῖψαι, φιλότητα δ' ἑλέσθαι.
i 16.84 *	ὡς ἄν μοι τιμὴν μεγάλην καὶ κῦδος ἄρησθε,
i 3.460	ἥ τε καὶ ἐσσομένοισι μετ' ἀνθρώποισι πέληται.
ο 9.11	τοῦτό τι μοι κάλλιστον ἐνὶ φρεσὶν εἴδεται εἶναι,
i 2.10	πάντα μάλ' ἀτρεκέως ἀγορευέμεν ὡς ἐπιτέλλω. 1375
i 15.207	ἐσθλὸν καὶ τὸ τέτυκται, ὅτ' ἄγγελος αἴσιμα εἰδῇ.
i 4.17@	εἰ δ' ⌜αὕτως⌝ τόδε πᾶσι φίλον καὶ ἡδὺ γένοιτο,

1351 κλητοί 1353 οἱ δ' ἐπεὶ οὖν 1355 ὅρμαινε 1360 ὡς ἦν 1363 φαείνοι 1367 γὰρ 1377 αὖ πως

μάρτυροι ἔσσονται καὶ ἐπίσκοποι ἁρμονιάων,   i 22.255
ἡμετέρης ἀρετῆς μεμνημένοι ⌜ἤματα πάντα⌝.   o 8.244 * †
1380 ἀλλ᾽ ἄγε νῦν ἴομεν· δὴ γὰρ μέμβλωκε μάλιστα   o 17.190
ἦμαρ, ἀτὰρ τάχα τοι ποτὶ ἕσπερα ῥίγιον ἔσται.   o 17.191
ἔρχεσθε πρὸς δώμαθ᾽, ἵν᾽ ἐντυνώμεθα δαῖτα.”   o 17.175
Ὣς εἰπὼν εἰσῆλθε δόμους εὖ ναιετάοντας.   o 17.324
αὐτίκα δ᾽ εἴσω ἴεν, μετὰ δὲ μνηστῆρσι κάθιζεν.   o 17.256

περὶ τῆς κλάσεως τοῦ ἄρτου

1385 ἀλλ᾽ ὅτε δὴ δειπνηστὸς ἔην καὶ ἐπήλυθεν ⌜ὥρα⌝   o 17.170 †
εὔχετο. τοὶ δ᾽ ἅμα πάντες ⌜ὑπ᾽⌝ αὐτόφιν εἵατο σιγῇ   i 19.255† @
ἄρτον τ᾽ οὖλον ἑλὼν περικαλλέος ἐκ κανέοιο,   o 17.343
χερσὶ διακλάσσας, μεγάλ᾽ εὔχετο χεῖρας ⌜ὀρεγνύς⌝   i 5.216
                                                              + 1.450†
δῶκε δ᾽ ἑταίροισιν καί σφεας πρὸς μῦθον ἔειπεν,   i 21.32
                                                              + 23.235
1390 “⌜ἄρτου⌝ θ᾽ ἅπτεσθον καὶ χαίρετον· αὐτὰρ ἔπειτα,   o 4.60 †
μοίρας δασσάμενοι δαίνυντ᾽ ἐρικυδέα δαῖτα.   o 20.280
⌜κὰδ⌝ δὲ δέπας περικαλλές, ὅ οἱ παλάμησιν ἀρήρει,   i 11.632 †
                                                              + 3.338 *
ἀμβροσίης πλήσας κέρασέν ⌜κεν⌝ νέκταρ ἐρυθρόν.   o 5.93 * †
εὔχετ᾽ ἔπειτα στὰς μέσῳ ἕρκεϊ, λεῖβε δὲ οἶνον,   i 24.306
1395 οὐρανὸν εἰσανιδών, καὶ φωνήσας ἔπος ηὔδα,   i 24.307
“οἵ κ᾽ ἐμὸν αἷμα πίοντες ἀλύσσονται περὶ θυμῷ,   i 22.70
ἀθάνατοι δ᾽ εἶεν καὶ ἀγήραοι ἤματα πάντα.   cf. o 23.336
αἰεὶ δὴ μέλλοιτε ἀγήραοί τ᾽ ἀθάνατοί ⌐τε   i 12.323 *
ζώειν ⌜ἠδ⌝ ἄνδρεσσι μετέμμεναι ⌜ἀθανάτοισι⌝.   i 18.91 †
1400 ὑμέων δ᾽ ἀνδρὶ ἑκάστῳ ἐφιέμενος τάδε εἴρω,   o 13.7
ὅσσοι ἐνὶ μεγάροισι γερούσιον αἴθοπα οἶνον   o 13.8
αἰεὶ πίνετ᾽ ἐμοῖσιν, ἀκουάζεσθε δ᾽ ἀοιδῆς.   o 13.9 *
⌜ὅς⌝ τις θαρσαλέος καὶ ἀναιδής ἐστι προΐκτης   o 17.449 @ *

1379 οἷα καὶ ἡμῖν   1385 μῆλα   1386 ἐπ᾽ ... ἤατο
1388 ἀνασχών   1389 σφεας   1390 σίτου   1392 πὰρ   1393 δὲ
1394 ηὔχετο δ᾽ ἀναστὰς Iv   1399 ἠδ᾽ conieci : οὐδ᾽ Iv ...
ἀθανάτοισι correxi : ἀλλ᾽ ἀθανάτοις Iv : αἴ κε μὴ Ἕκτωρ
Hom   1402 ἀοιδοῦ   1403 ὥς

52 EVDOCIA

ἀλλ' ἄγετ' ἐσθίετε βρῶμην καὶ πίνετε οἶνον
ἀθάνατον, ἐμέθεν μεμνημένοι ἤματα πάντα,   1405
τόνδε νόον καὶ θυμὸν ἐνὶ στήθεσσιν ἔχοντες."
ἐξαῦτις ᵗδ'ᵗ ἐπέεσσιν ἀμειβόμενος προσέειπεν,
"ᵗὦ πόποιᵗ, οὔ πως ἔστιν ὑπερφιάλοισι μεθ' ὑμῖν
δαίνυσθαί τ' ἀκέοντα καὶ εὐφραίνεσθαι ἕκηλον
ἐξ ὑμέων γὰρ φασὶ κάκ' ἔμμεναι· ἔστι γὰρ ἔνδον   1410
ὅς χ' ἕτερον μὲν κεύθει ἐνὶ φρεσὶν, ἄλλο δὲ εἴπῃ
μισθῷ ἐπὶ ῥητῷ· τὸ δὲ ῥίγιον αἴ κεν ἀλώῃ.
ἄφρων δὴ κεῖνός γε καὶ οὐτιδανὸς πέλει ἀνήρ·
μόρσιμόν ἐστι θεῷ τε καὶ ἀνέρι ἶφι δαμῆναι.
ἀλλὰ τόδ' αἰνὸν ἄχος κραδίην καὶ θυμὸν ἱκάνει.   1415
ὁππότε δὴ τὸν ὁμοῖον ἀνὴρ ἐθέλῃσιν ἀμέρσαι,
ἀφρήτωρ ἀθέμιστος ἀνέστιος ἐστὶν ἐκεῖνος
αἴθ' ὄφελεν ἄγονός τ' ἔμεναι ἄγαμός τ' ἀπολέσθαι
ἢ οὕτω τ' ἔμεναι καὶ ὑπόψιον ἄλλων
οὐ γὰρ ἐγὼ τοῦ φημι χερειότερον βροτὸν ἄλλον.   1420
κεῖνος δ' αὖτ' ἀΐδηλος ἀνήρ, ὃν ὀΐομαι αὐτός.
ἧστο γὰρ ἐν μνηστῆρσι φίλον τετιμένος ἦτορ,
ὃς κακὰ πόλλ' ᵗἔρδεσκενᵗ, ὅσ' οὐ σύμπαντες οἱ ἄλλοι.
σχέτλιος, ὅς ῥ' ἔριν ὦρσε κακὴν ἔπι δεύτερον αὖτις,
ἐκτελέσας μέγα ἔργον, ὃ οὔ ποτε ἔλπετο θυμῷ."   1425
τοὺς δ' αὖτε προσέειπε θεοκλύμενος θεοειδὴς,
"μηκέτι νῦν χαλεποῖσιν ἀμείβεσθε ἐπέεσσι.
καὶ δ' ἄλλῳ νεμεσᾶτε, ὅτις τοιαῦτά γε ῥέζοι.
ἀλλά μοι ἐσθιέμεν καὶ πινέμεν, ὡς τὸ πάρος περ,
καὶ μύθοις τέρπεσθε· ἐοικότα γὰρ καταλέξω."   1430
ὡς ἔφαθ', οἱ δ' ἄρα πάντες ὑπερφιάλως νεμέσησαν·
καί νύ κε δὴ προτέρω ἔτ' ἔρις γένετ' ἀμφοτέροισιν.

1407 σφ'   1408 Ἀντίνο'   1423 ἔρρεξεν   1428 ὅτις Hom :
ὅστις Iv

περὶ τοῦ νιπτῆρος

ὡς οἱ μὲν περὶ δεῖπνον ἐνὶ μεγάροισι πένοντο.   *o 4.624*
αὐτὰρ ἐπεὶ δὴ σπεῦσε πονησάμενος ⌜τάδε⌝ ἔργα,   *o 9.250†*
1435 τοὺς ὅ γε συγκαλέσας πυκινὴν ἀρτύνετο βουλήν,   *i 10.302*
οἵ οἱ κεδνότατοι καὶ φίλτατοι ἦσαν ἁπάντων.   *i 9.586*
οἱ μὲν τάρβησάν τε καὶ αἰδόμενοι βασιλῆα   *i 1.331 **
ἔσταν. οὐδέ τί μιν προσεφώνεον οὐδ' ἐρέοντο·   *i 1.332 **
αὐτὰρ ὁ ἔγνω ᾗσιν ἐνὶ φρεσὶ φώνησέν τε,   *i 1.333*
1440 "⌜κλῦτε, φίλοι⌝, καὶ μή τι ⌜θυμῷ⌝ ἀγάσησθε ἕκαστος.   *i 14.111†*
ἤδη γάρ μευ θυμὸς ἐπέσσυται ⌜ὥστε νέεσθαι⌝.   *i 6.361 * †*
νῦν δὲ δὴ ἐγγύθι μοι θάνατος κακός, οὐδ' ἔτ' ἄνευθεν,   *i 22.300*
οὐδ' ἀλέη· ἦ γάρ ῥα πάλαι τό γε φίλτερον ἦεν   *i 22.301*
πατρί τ' ἐμῷ καὶ ἐμοί· νῦν δὲ χρὴ τετλάμεν ἔμπης."   *o 3.209*
1445 ὡς ἔφαθ', οἱ δ' ἄρα πάντες ἀκὴν ἐγένοντο σιωπῇ   *i 8.28*
μῦθον ἀγασσάμενοι· μάλα γὰρ κρατερῶς ἀγόρευσε.   *i 8.29*
ἦμος δ' ἠέλιος κατέδυ καὶ ἐπὶ κνέφας ἦλθεν,   *o 12.31*
τῶν πόδας ἐξαπένιζεν, ὕδωρ δ' ἐνεχεύατο ⌜πολλόν⌝.   *o 19.387 * @*
καί σφιν ἄχος κατὰ θυμὸν ἐγίνετο δερκομένοισι.   *i 13.86*
1450 νίψατο δ' αὐτὸς χεῖρας, ἀφύσσατο δ' αἴθοπα οἶνον,   *i 16.230*
ἡδὺν ἀκηράσιον, θεῖον ποτόν. οὐδέ τις αὐτὸν   *o 9.205*
ἔγνω πρόσθ' ἀνδρῶν καλλιζώνων τε γυναικῶν,   *i 24.698*
τοῦτό νυ καὶ γέρας οἶον ὀϊζυροῖσι βροτοῖσι.   *o 4.197*
τὸν δ' ⌜ὅ κε⌝ πίνοιεν μελιηδέα οἶνον ἐρυθρόν.   *o 9.208†*
1455 οὔτε τι πημανθῆναι ἔπι δέος οὔτ' ἀπολέσθαι,   *o 8.563*
ὅς κε πίῃ καὶ πρῶτον ἀμείψεται ἕρκος ὀδόντων.   *o 10.328*
αὐτὰρ ἐπεὶ δῶκέν τε καὶ ἔκπιον, αὐτίκ' ἔπειτα   *o 10.237*
μύθοισιν τέρποντο πρὸς ἀλλήλους ἐνέποντες.   *i 11.643*
τοῖσι δὲ καὶ μετέειπε θεοκλύμενος θεοειδής·   *o 17.151*
1460 "ὦ φίλοι, ἄνερες ἔστε καὶ ἄλκιμον ἦτορ ἕλεσθε,   *i 5.529*

1434 τὰ ἃ   1440 πείθεσθαι ... κότῳ   1441 ὄφρ' ἐπαμύνω
1448 πουλύ   1454 ὅτε   1457 ἐπεὶ Hom : ἐπὴν Iv

i5.530 * ἀλλήλους τ' αἰδεῖσθε κατὰ κρατερὴν ὑσμίνην.
i16.557 οἷοί περ πάρος ἦτε μετ' ἀνδράσιν, ἢ καὶ ἀρείους,
i22.416 σχέσθε, φίλοι, καί μ' οἷον ἐάσατε κηδόμενοί περ.
i2.252 οὐδέ τί πω σάφα ἴδμεν ὅπως ἔσται τάδε ἔργα.
i13.53 ἦ ῥ' ὅ γ' ὁ λυσσώδης φλογὶ εἴκελος ἡγεμονεύει, 1465
i22.70 * ὅς κ' ἐμὸν αἷμα ⌜πιών περ⌝ ἀλύσσεται περὶ θυμῷ.
i24.207† ὠμηστὴς καὶ ἄπιστος ἀνὴρ ⌜ὅδε, οὐκ ἐλεήμων⌝.
i7.70 ἀλλὰ κακὰ φρονέων τεκμαίρεται ἀμφοτέροισιν,
i7.131 θυμὸν ἀπὸ μελέων δῦναι δόμον Ἄϊδος εἴσω."

περὶ τοῦ προδότου Ἰούδα

i1.68 ἤτοι ὅ γ' ὡς εἰπὼν κατ' ἄρ ἕζετο· τοῖσι δ' ἀνέστη 1470
i2.213 ὅς ῥ' ἔπεα φρεσὶ ἧσιν ἄκουσμά τε πολλά τε ἤδη.
o1.330 * κλίμακα δ' ὑψηλὴν κατεβήσατο τοῖο δόμοιο,
i1.103† ⌜χωόμενος⌝. μένεος δὲ μέγα φρένες ἀμφὶ μέλαιναι
i1.104 πίμπλαντ', ὄσσε δέ οἱ πυρὶ λαμπετόωντι ἐΐκτην.
i1.343 οὐδέ τι οἶδε νοῆσαι ἅμα πρόσσω καὶ ὀπίσσω 1475
i20.466† νήπιος, οὐδὲ τὸ ἤδη, ⌜ὅ περ⌝ πείσεσθαι ἔμελλεν
i9.630 ⌜νηλής⌝, οὐδὲ μετατρέπεται φιλότητος ἑταίρων,
o17.388 * ἀλλ' αἰεὶ χαλεπὸς περὶ πάντων ἦν μνηστήρων.
i10.316† ὃς δή τοι ⌜ἦτορ⌝ μὲν ἔην κακός, ἀλλὰ ποδώκης,
i3.202 εἰδὼς παντοίους τε δόλους καὶ μήδεα πυκνά. 1480
i24.476 ἔσθων καὶ πίνων· ἔτι καὶ παρέκειτο τράπεζα·
i10.503 * αὐτὰρ ὃ μερμήριζε μένων ὅ τι κύντατον ἔρδοι
i19.127 χωόμενος φρεσὶν ἧσι, καὶ ὤμοσε καρτερὸν ὅρκον.
i2.53 βουλὴν δὲ πρῶτον μεγαθύμων ἷζε γερόντων·
i8.51 αὐτὸς δ' ἐν κορυφῇσι καθέζετο κύδεϊ γαίων. 1485
i4.241 τοὺς μάλα νεικείεσκε χολωτοῖσιν ἐπέεσσιν.

1462 περ Hom : τε Iv   1466 πίοντες   1467 ὅ γε οὐ σ'
ἐλεήσει   1471 ἤδη Hom : ἤδει Iv   1473 ἀχνύμενος   1476 ὃ
οὐ ... ἤδη Hom : ἤδει Iv   1477 σχέτλιος   1479 εἶδος

⌜ὤτρυνεν⌝ δὲ ἕκαστον ἐποιχόμενος ἐπέεσσι,   i 17.215@
"τίπτε καταπτώσσοντες ἀφέστατε, μίμνετε δ' ἄλλους;   i 4.340
πῇ δὴ συνθεσίαι τε καὶ ὅρκια βήσεται ἡμῖν;   i 2.339
1490 ψευσάμενοι μαχόμεσθα· τῷ οὔ νύ τι κέρδιον ἡμῖν   i 7.352
ἔλπομαι ἐκτελέεσθαι, ἵνα μὴ ῥέξομεν ὧδε.   i 7.353
ἐν πυρὶ δὴ βουλαί τε γενοίατο μήδεά τ' ἀνδρῶν.   i 2.340
αὕτως γάρ ⌜ῥ⌝" ἐπέεσσ' ἐριδαίνομεν, οὐδέ τι μῆχος   i 2.342@
εὑρέμεναι δυνάμεσθα, πολὺν χρόνον ἐνθάδ' ἐόντες.   i 2.343
1495 ἀλλ' ὑμεῖς μὲν πάντες ὕδωρ καὶ γαῖα γένοισθε,   i 7.99
ἥμενοι αὖθι ἕκαστοι ἀκήριοι, ἀκλεὲς αὕτως.   i 7.100
αἰσχρόν τοι δηρόν τε μένειν κενέον τε νέεσθαι.   i 2.298
ἀλλὰ χρὴ καὶ ἐμὸν θέμεναι πόνον οὐκ ἀτέλεστον.   i 4.57
ὢ πόποι, ὡς ὅδε πᾶσι φίλος καὶ τίμιός ἐστιν.   o 10.38
1500 τούνεκα πολλοῖσίν τε καὶ ἰφθίμοισιν ἀνάσσει,   o 24.26 *
ὅς με μετ' ἀπρήκτους ἔριδας καὶ νείκεα βάλλει.   i 2.376
αὐτὸς μὲν γὰρ ἐπιστήμων βουλῇ τε νόῳ τε.   o 16.374
ἀλλ' ἄγε δή μοι πάντες ὀμόσσατε καρτερὸν ὅρκον,   o 12.298
εἰ κεῖνόν γε ἴδοιμι κατελθόντ' Ἄϊδος εἴσω,   i 6.284
1505 ἢ ἵνα μηδ' ὄνομ' αὐτοῦ ἐν ἀντρώποισι λίπηται,   o 4.710
φαίην κε φρέν' ἀτέρπου ὀϊζύος ἐκλελαθέσθαι."   i 6.285
⌜Ὣς ἔφαθ', οἱ δ' ἄρα⌝ αὐτίκ' ⌜ἀπώμνυον⌝ ὡς ἐκέλευσε.   o 12.303 * @
αὐτὰρ ἐπεί ῥ' ὅμοσάν τε τελεύτησάν τε τὸν ὅρκον,   o 12.304
αὐτίκα κηρύκεσσι λιγυφθόγγοισι κέλευσε.   i 2.442
1510 οἱ μὲν ἐκήρυσσον, τοὶ δ' ἠγείροντο μάλ' ὦκα.   i 2.52
ὣς εἰπὼν τοὺς μὲν λίπεν αὐτοῦ, βῆ δὲ μετ' ἄλλους   i 4.292
κλήδην εἰς ἀγορὴν κικλήσκων ἄνδρα ἕκαστον,   i 9.11 *
μηδὲ βοῶν· αὐτὸς δὲ μετὰ πρώτοισι πονεῖτο.   i 9.12 *
ὀπτῆρας δὲ κατὰ σκοπιὰς ⌜ὤτρυνε⌝ νέεσθαι,   o 17.430@
1515 μὴ λάθοι αὖτις ⌜ἰών κε⌝ θοὴν διὰ νύκτα μέλαιναν   i 10.468 *
τηλόθεν ἐν ⌜λείῳ⌝ πεδίῳ· παρὰ δὲ σκοπὸν εἷσεν,   i 23.359†

1487 ὄτρυνεν   1493 om. Hom   1507 ὡς ἐφάμην, οἱ δ'
1509 αὐτὰρ ὁ   1514 ὄτρυνε   1515 ἰόντε   1516 λείῳ deest in Iv

i18.322 * † εἴ ποθεν ἐξεύροι. μάλα γὰρ δριμὺς ⸢θυμὸς⸣ ἦρει.
o17.255 αὐτὰρ ὃ βῆ, μάλα δ᾽ ὦκα δόμους ἵκανεν ἄνακτος.
i12.299 βῆ δ᾽ ἴμεν ὥς τε λέων ὀρεσίτροφος, ὅς τ᾽ ἐπιδευὴς
i12.300 δηρὸν ἔῃ κρειῶν, κέλεται δέ ἑ θυμὸς ἀγήνωρ   1520
i12.301 μήλων πειρήσοντα καὶ ἐς πυκινὸν δόμον ἐλθεῖν.
o17.256 αὐτίκα δ᾽ εἴσω ἴεν, μετὰ δὲ μνηστῆρσι κάθιζε,
o18.154 νευστάζων κεφαλῇ· δὴ γὰρ κακὸν ὄσσετο θυμῷ.
i9.238 * † μαίνετο δ᾽ ἐκπάγλως, πίσυνος ⸢βίῃ⸣, οὐδέ τι τῖεν
i9.239 * ἀνέρας οὐδὲ θεόν· κρατερὴ δέ ἑ λύσσα δέδυκεν.   1525
o22.317 * τῷ καὶ ἀτασθαλίῃσιν ἀεικέα πότμον ἐπέσπε.
i9.546 τόσσος ἔην, πολλοὺς δὲ πυρῆς ἐπέβησ᾽ ἀλεγεινῆς.
o14.111 αὐτὰρ ἐπεὶ δείπνησε καὶ ἤραρε θυμὸν ἐδωδῇ,
o4.535 δειπνήσας, ὡς ⸢λῖς⸣ τε κατέκτανε βοῦν ἐπὶ φάτνῃ,
i21.445 μισθῷ ἐπὶ ῥητῷ· ὁ δὲ σημαίνων ἐπέτελλεν   1530
o14.337 ἐνδυκέως. τοῖσιν δὲ κακὴ φρεσὶν ἥνδανε βουλή.
o11.548 ὡς δὴ μὴ ὄφελεν νικᾶν τοιῷδ᾽ ἐπ᾽ ἀέθλῳ·
o11.549 * τοίην γὰρ κεφαλὴν ἕνεκ᾽ αὐτοῦ γαῖα κατέσχεν.
o7.60 ἀλλ᾽ ὁ μὲν ὤλεσε λαὸν ἀτάσθαλον, ὤλετο δ᾽ αὐτός.

περὶ τῆς νυκτὸς ἐν ᾗ παρεδόθη ὁ Κύριος

o12.312 ἦμος δὲ τρίχα νυκτὸς ἔην, μετὰ δ᾽ ἄστρα βεβήκει,   1535
o21.206† ἐξαῦτίς ⸢γ᾽⸣ ἐπέεσσιν ἀμειβόμενος προσέειπεν
i12.242 ὃς πᾶσι θνητοῖσι καὶ ἀθανάτοισιν ἀνάσσει·
o12.271 "κέκλυτέ μευ μύθων κακὰ περ πάσχοντες ἑταῖροι,
i8.355 ἀνδρὸς ἑνὸς ῥιπῇ, ὁ δὲ μαίνεται οὐκέτ᾽ ἀνεκτῶς·
i21.533 * ἐγγὺς ὅδε κλονέει· νῦν οἴω λοίγι᾽ ἔσεσθαι.   1540
i8.361 σχέτλιος, αἰὲν ἀλιτρός, ἐμῶν μενέων ἀπερωεύς,
o9.215 * ἄγριος, οὔτε δίκας εὖ εἰδὼς οὔτε θέμιστας.
i15.94 οἷος ἐκείνου θυμὸς ὑπερφίαλος καὶ ἀπηνής.
i8.358 καὶ λίην οὗτός γε μένος θυμόν τ᾽ ὀλέσειε

1517 χόλος   1524 Διί   1529 τίς   1536 σφ᾽

1545 δυσμενέες τ' ἄνδρες σχεδὸν εἴαται· οὐδέ τι ἴδμεν   i 10.100
μή τι κακὸν ῥέξωσι καὶ ἡμᾶς ἐξελάσωσι.   o 16.381
λίην γὰρ πολλοὶ καὶ ἐπήτριμοι ἤματα πάντα.   i 19.226
ἡμεῖς δὲ φραζώμεθ' ὅπως ἔσται τάδε ἔργα,   o 23.117 + 17.274
οἵ' ὁρόω ⌜δρηστῆρας⌝ ἀτάσθαλα μηχανόωντας.   o 18.143 †
1550 οὗτοι δ' ⌜ἐν⌝ θύρῃσι καθήμενοι ἐφιαάσθων.   o 17.530
ἀλλ' εἴ μοί τι πίθεσθε, τό κεν πολύ κέρδιον εἴη,   i 7.28 *
καὶ φυλακῆς μνήσασθε καὶ ἐγρήγορθε ἕκαστος   i 7.371
νύκτα δι' ἀμβροσίην, καὶ ἀΰπνους ὔμμε τίθεσθε,   o 9.404 *
καὶ μάλα τειρόμενοί περ· ἀναγκαίη γὰρ ἐπείγει.   i 6.85
1555 οὕτω νῦν, φίλα τέκνα, φυλάσσετε· μηδέ τιν' ὕπνος   i 10.192
νήγρετος ἥδιστος, θανάτῳ ἄγχιστα ἐοικώς,   o 13.80
αἱρείτω, μὴ χάρμα γενώμεθα δυσμενέεσσιν.   i 10.193
ἀλλ' ἤτοι ἐπὶ νυκτὶ φυλάξομεν ἡμέας αὐτούς·   i 8.529
τοῖος πᾶσιν θυμὸς ἐνὶ στήθεσσι γένοιτο·   i 4.289
1560 ἀμφὶ μάλα φράζεσθε, φίλοι· κέλομαι γὰρ ἔγωγε   i 18.254
εὔχεσθαι· πάντες δὲ θεοῦ χατέουσ' ἄνθρωποι.   o 3.48 *
ἐσθλὸν ⌜θείῳ⌝ χεῖρας ἀνασχέμεν, αἵ κ' ἐλεήσῃ.   i 24.301 †
ὄρνυσθ' ἐξείης ἐπιδέξια πάντες ἑταῖροι.   o 21.141
μηδέ τις ἀρνείσθω· καλέσασθε δὲ θεῖον ἀοιδόν.   o 8.43
1565 ⌜ἀλλ' ἄγε, μίμνετε νῦν γε,⌝ ἐμοὶ ἐρίηρες ἑταῖροι,   o 9.172 †
αὐτὰρ ἐγὼν εἶμι, κρατερὴ δέ μοι ἔπλετ' ἀνάγκη·   o 10.273
ἐν δέ τέ μοι κραδίη μεγάλα στέρνοισι πατάσσει.   i 13.282 *
ὑμεῖς δέ, μνηστῆρες, ἐπίσχετε θυμὸν ἐνιπῆς   o 20.266
καὶ χειρῶν, ἵνα μή τις ἔρις καὶ νεῖκος ὄρηται.   o 20.267
1570 ἀλλ' ἄγε μηκέτι ⌜δὴ⌝ κακὰ ῥέζετε δυσμενέοντες,   o 20.314 †
θυμὸν ἐνὶ στήθεσσι φίλον δαμάσαντες ἀνάγκῃ.   i 19.66
ὦ φίλοι, ἤδη μέν κεν ἐγὼ εἴποιμι καὶ ἄμμι,   o 22.262
ὅς τίς κεν τλαίη, οἵ τ' αὐτῷ κῦδος ἄροιτο."   i 10.307
δακρύσας δ' ἑτάρων ἄφαρ ἕζετο νόσφι λιασθείς.   i 1.349

1549 μνηστῆρας   1550 ἠὲ   1562 γὰρ Διί   1565 ἄλλοι μὲν
νῦν μίμνετ'   1570 μοι

o 24.318 τοῦ δ' ὠρίνετο θυμός, ἀνὰ ῥῖνας δέ οἱ ἤδη 1575
o 24.319 δριμὺ μένος προὔτυψε φίλον πατέρ' εἰσορόωντι.
i 23.507 στῆ δὲ μέσῳ ἐν ἀγῶνι, πολύς δ' ἀνεκήκιεν ἱδρώς.
i 1.351†* πολλὰ δὲ ⌜πατρὶ⌝ φίλῳ ἠρήσατο χεῖρας ὀρεγνύς.

περὶ τῆς τοῦ Κυρίου προσευχῆς

i 5.872† "⌜ὦ⌝ πάτερ, οὐ νεμεσίζῃ ὁρῶν τάδε καρτερὰ ἔργα; 1580
i 13.633 οἷον δὴ ἄνδρεσσι χαρίζεαι ὑβριστῇσι,
o 19.498*@ οἵ τέ μ' ἀτιμάζουσι καὶ οἳ ⌜νηλιτεῖς⌝ εἰσιν.
o 24.458* οἳ μέγα ἔργον ἔρεξαν ἀτασθαλίῃσι κακῇσι.
o 5.18 νῦν αὖ παῖδ' ἀγαπητὸν ἀποκτεῖναι μεμάασιν,
i 24.365 οἵ τοι δυσμενέες καὶ ἀνάρσιοι ἐγγὺς ἔασι. 1585
o 18.168 οἵ τ' εὖ μὲν βάζουσι, κακῶς δ' ὄπιθεν φρονέουσιν.
i 1.393@ ἀλλὰ σύ, εἰ δύνασαί γε, περίσχεο παιδὸς ⌜ἑοῖο⌝,
o 9.529* εἰ ἐτεόν γε σός εἰμι, πατὴρ δ' ἐμὸς εὔχεαι εἶναι.
i 1.564 εἰ δ' οὕτω τοῦτ' ἐστίν, ἐμοὶ μέλλει φίλον εἶναι,
o 12.383 δύσομαι εἰς Ἀΐδαο καὶ ἐν νεκύεσσι φαείνω. 1590
o 18.317 αὐτὰρ ἐγὼ τούτοισι φάος πάντεσσι παρέξω.
i 12.369† αἶψα δ' ἐλεύσομαι αὖτις, ἐπὴν ⌜τοῖς εὖ⌝ ἐπαμύνω,
i 23.894 εἰ σύ γε σῷ θυμῷ ἐθέλοις· κέλομαι γὰρ ἔγωγε.
i 18.121 κείσομ' ἐπεί κε θάνω· νῦν δὲ κλέος ἐσθλὸν ἀροίμην.
i 22.235 νῦν δ' ἔτι καὶ μᾶλλον νοέω φρεσὶ τιμήσασθαι. 1595
o 3.380† ἀλλὰ ⌜πάτερ⌝ ἵληθι, δίδωθι δέ μοι κλέος ἐσθλόν."
i 2.786
+ 19.130 καὶ τότ' ἄρ ἄγγελος ἦλθεν ἀπ' οὐρανοῦ ἀστερόεντος,
i 17.499* ἀλκῆς καὶ σθένεος πλήσας φρένας ἀμφὶ μελαίνας.
o 1.324 αὐτίκα δὲ μνηστῆρας ἐπῴχετο ἰσόθεος φώς·
o 2.397† οἱ δ' εὕδειν ὤρνυντο κατὰ ⌜δόμον⌝, οὐδ' ἄρ' ἔτι δὴν 1600
o 2.398 εἵατ', ἐπεί σφισιν ὕπνος ἐπὶ βλεφάροισιν ἔπιπτεν.

1578 μητρὶ   1580 Ζεῦ   1582 νήλιτιδες   1587 ἔηος
1592 εὖ τοῖς   1596 ἄνασσ'   1600 πτόλιν

ἐξαῦτις ⸢δ⸣⸥ ἐπέεσσιν ἀμειβόμενος προσέειπε,   o 21.206 †
"μηκέτι νῦν εὕδοντες ἀωτεῖτε γλυκὺν ὕπνον.   o 10.548
οὐ χρὴ παννύχιον εὕδειν βουληφόρον ἄνδρα.   i 2.24
1605 ἀλλ' ἴομεν· μάλα γὰρ νὺξ ἄνεται, ἐγγύθι δ' ἠώς.   i 10.251
⸢ἴομεν⸣. ἀλλ' ἔτ' ὄπισθεν ἀμέτρητος πόνος ⸢ἐστί⸣,   o 23.249 † @
πολλὸς καὶ χαλεπός, τὸν ἐμὲ χρὴ πάντα τελέσσαι."   o 23.250
ὣς φάτο, τοῖς δ' ἀσπαστὸν ἐείσατο κοιμηθῆναι   o 8.295 *
καὶ τότε ⸢κεν⸣ βλεφάρων ἐξέσσυτο νήδυμος ὕπνος.   o 12.366 †

περὶ τῆς προδοσίας

1610 οὔ πω πᾶν εἴρητο ἔπος ὅτ' ἄρ ἤλυθον αὐτοί,   i 10.540
ἐσθλ' ἀγορεύοντες, κακὰ δὲ φρεσὶ βυσσοδόμευον.   o 17.66
αὐτὸς δ' ἐν πρώτοισι μέγα φρονέων ἐβεβήκει,   i 11.296
ὃς κακὰ πόλλ' ⸢ἔρδεσκεν⸣ ὅσ' οὐ σύμπαντες οἱ ἄλλοι.   i 22.380 @
ὣς δ' εἶδ', ὥς μιν μᾶλλον ἔδυ χόλος, ἐν δέ οἱ ὄσσε   i 19.16
1615 αἱματόεντε πέλον, δεινὸς δ' εἰς ὦπα ἰδέσθαι.   o 22.405 *
αὐτὰρ ὅ γ' ἐξοπίσω ἀνεχάζετο, αὖε δ' ἑταίρους.   i 11.461
ἦλθον ἔπειθ' ὅσα φύλλα καὶ ἄνθεα γίνεται ὥρῃ   o 9.51
ὅπλ' ἐν χερσὶν ἔχοντες χάλκεα, πείρατα τέχνης,   o 3.433 *
νήπιοι ἀγροιῶται, ἐφημέρια φρονέοντες,   o 21.85
1620 ψεῦσταί τ' ὀρχησταί τε, χοροιτυπίῃσιν ἄριστοι,   i 24.261
⸢σχέτλιοι⸣, οὔτε δίκας εὖ εἰδότες, οὔτε θέμιστας.   o 9.215 * †
οὔτε θεὸν δείσαντο, ὃς οὐρανὸν εὐρὺν ἔχῃσιν,   o 22.39 *
οὔτε τιν' ἀνθρώπων νέμεσιν κατόπισθεν ἔσεσθαι.   o 22.40
τῶν ὕβρις τε βίη τε σιδήρεον οὐρανὸν ἵκει,   o 15.329
1625 ἐρχομένων ἄμυδις· μάλα κεν θρασυκάρδιος εἴη   i 13.343
ὃς τότε γηθήσειεν ἰδὼν πόνον οὐδ' ἀκάχοιτο.   i 13.344
οὐδ' εἴ οἱ κραδίη γε σιδηρέη ἔνδοθεν ἦεν.   o 4.293
ἀμφὶ δέ μιν ⸢δρηστῆρες⸣ ἀγήνορες ἠγερέθοντο.   o 17.65 †

1602 σφ'   **1606** ἤλθομεν ... ἔσται   **1609** μοι   **1613** ἔρρεξεν
1621 ἄγριον   **1628** μνηστῆρες

o 14.262	οἱ δ' ὕβρει εἴξαντες, ἐπισπόμενοι μένεϊ σφῷ,
i 12.153	λαοῖσιν καθύπερθε πεποιθότες ἠδὲ βίηφιν, 1630
i 10.83	νύκτα δι' ὀρφναίην, ὅτε θ' εὕδουσι βροτοὶ ἄλλοι,
o 7.101 *	ἕστασαν αἰθομένας δαΐδας μετὰ χερσὶν ἔχοντες·
i 16.601†	στὰν δ' ἀμφ' αὐτὸν ἰόντες ἀολλέες ⌜ἄλλοθεν ἄλλος⌝,
o 2.236	ἔρδειν ἔργα βίαια κακορραφίῃσι νόοιο.
o 18.111@	ἡδὺ ⌜γελώοντες⌝ καὶ δεικανόωντ' ἐπέεσσι, 1635
i 3.342	δεινὸν δερκόμενοι, θάμβος δ' ἔχεν εἰσορόωντας,
o 14.282	ἱέμενοι κτεῖναι· δὴ γὰρ κεχολώατο λίην.
o 14.289	τρώκτης, ὃς δὴ πολλὰ κάκ' ἀνθρώποισιν ἐώργει.
o 10.437	τούτου γὰρ καὶ ἐκεῖνοι ἀτασθαλίῃσιν ὄλοντο.
o 17.364	ἀλλ' οὐδ' ὥς τιν' ἔμελλ' ἀπαλεξήσειν κακότητος. 1640
i 10.47	οὐ γάρ πω ἰδόμην, οὐδ' ἔκλυον αὐδήσαντος
i 10.48	ἄνδρ' ἕνα τοσσάδε μέρμερ' ἐπ' ἤματι μητίσασθαι.
i 22.93	ὡς δὲ δράκων ἐπὶ χειῇ ὀρέστερος ἄνδρα μένῃσι,
i 22.94	βεβρωκὼς κακὰ φάρμακ', ἔδυ δέ τέ μιν χόλος αἰνός,
i 22.95	σμερδαλέον δὲ δέδορκεν ἑλισσόμενος περὶ χειῇ· 1645
i 22.96†	ὣς ⌜ἄρ⌝ ὅ γ'⌝ ἄσβεστον ἔχων μένος οὐχ ὑπεχώρει.
i 14.142	ἀλλ' ὁ μὲν ὣς ἀπόλοιτο, θεὸς δέ ἑ σιφλώσειε.
o 20.350	τοῖσι δὲ καὶ μετέειπε θεοκλύμενος θεοειδής·
i 8.413	"πῇ μέματον; τί σφῶιν ἐνὶ φρεσὶ μαίνεται ἦτορ;
o 21.198	εἴπαθ' ὅπως ὑμέας κραδίη θυμός τε κελεύει. 1650
o 20.315	εἰ δ' ἤδη μ' αὐτὸν κτεῖναι μενεαίνετε χαλκῷ,
o 20.316	καί κε τὸ βουλοίμην, καί κεν πολὺ κέρδιον εἴη
o 20.317	τεθνάμεν ἢ τάδε γ' αἰὲν ἀεικέα ἔργ' ὁράασθαι."
o 9.282†*	⌜καὶ τότ' ἄρ⌝ ἄφορρον προσέφη δολίοις ἐπέεσσι,
i 22.380@	ὃς κακὰ πόλλ' ⌜ἔρδεσκεν⌝ ὅσ' οὐ σύμπαντες οἱ ἄλλοι, 1655
i 1.325	ἐλθὼν σὺν πλεόνεσσι· τό οἱ καὶ ῥίγιον ἔσται.
i 4.79	κὰδ δ' ἔθορ' ἐς μέσσον· θάμβος δ' ἔχεν εἰσορόωντας.
i 17.281	ἴθυσεν δὲ διὰ προμάχων συῒ εἴκελος ἀλκὴν

1633 οὐδ' ἄρ Ἀχαιοὶ 1635 γελώωντες 1646 Ἕκτωρ
1654 ἀλλά μιν 1655 ἔρρεξεν

καπρίῳ, ὅς τ' ἐν ὄρεσσι κύνας θαλερούς τ' αἰζηοὺς   i 17.282
1660 ῥηϊδίως ἐκέδασσεν, ⌜ἀλυξάμενος⌝ διὰ βήσσας.   i 17.283†
καί οἱ μυίης θάρσος ἐνὶ στήθεσσι ἐνῆκεν,   i 17.570
ἥ τε καὶ ἐργομένη μάλα περ χροὸς ἀνδομέοιο   i 17.571
ἰσχανάᾳ δακέειν, λαρὸν τέ οἱ αἷμ' ἀνθρώπου.   i 17.572
ὄφρα τί μιν προτιείποι ἀμειβόμενος ἐπέεσσι,   i 22.329
1665 κύσσε δέ μιν περιφὺς ἐπιάλμενος ἠδὲ προσηύδα   o 24.320
μειλιχίοις ἐπέεσσι, νόος δέ οἱ ἄλλα μενοίνα,   o 18.283
"ὦ φιλ', ἐπεί σε πρῶτα κιχάνω τῷδ' ἐνὶ χώρῳ,   o 13.228
χαῖρέ τε καὶ μή μοί τι κακῷ νόῳ ἀντιβολήσαις.   o 13.229
καὶ δέ σοι αὐτῷ θυμὸς ἐνὶ φρεσὶν ἵλαος ἔστω.   i 19.178
1670 οἶδα δ' ὅτι σὺ μὲν ἐσθλός, ἐγὼ δὲ σέθεν πολὺ χείρων."   i 20.434
αὐτὰρ ὁ ἔγνω ᾗσιν ἐνὶ φρεσὶ φώνησέν τε   i 1.333
"ὦ μοι ἀναιδείην ἐπιειμένε, κερδαλεόφρον,   i 1.149
φθέγγεο, μηδ' ἀκέων ἐπ' ἔμ' ἔρχεο· τίπτε δέ σε χρεώ;   i 10.85
ἦ τινά που δόλον ἄλλον ὀΐεαι, οὐδέ τί σε χρή.   o 10.380
1675 σχέτλιε, τίπτ' ἔτι μεῖζον ἐνὶ φρεσὶ μήσεαι ἔργον;   o 11.474
ἔρξον ὅπως ἐθέλεις καί τοι φίλον ἔπλετο θυμῷ.   o 13.145
δαιμόνι', οὔτε τί σε ῥέζω κακὸν οὔτ' ἀγορεύω.   o 18.15
αἰεί τοι τὰ κάκ' ἐστι φίλα φρεσὶ ⌜μυθεύεσθαι⌝.   i 1.107†
ἐσθλὸν δ' οὔτε τί πω εἶπας ἔπος οὔτ' ἐτέλεσσας.   i 1.108
1680 νηπύτι', ὡς ἄνοον κραδίην εἶχες ⌜μενεαίνων⌝.   i 21.441 * †
ταῦτα μὲν οὕτω πάντα πεπείρανται· σὺ ⌜δὲ αἶψα⌝   o 12.37†
⌜ῥέξον⌝ ὅ τι φρονέεις· τελέσαι δέ σε θυμὸς ἀνώγει.   o 5.89† *
πάντα με θαρσαλέως, κύον ἀδδεές, οὔ τί με λήθεις   o 19.91
⌜ἔρδων κεν⌝ μέγα ἔργον, ὃ σῇ κεφαλῇ ἀναμάξεις·   o 19.92 *
1685 μήτε τί μοι ψεύδεσσι χαρίζεο μήτε τι θέλγε.   o 14.387
οὐ γὰρ τοὔνεκ' ἐγώ σ' ⌜αἰδήσομαι⌝, οὐδὲ φιλήσω.   o 14.388 @
αἰεί τοι κραδίη πέλεκυς ὥς ἐστιν ἀτειρής.   i 3.60

    1660 ἐλιξάμενος   **1678** μαντεύεσθαι   **1680** οὐδὲ νὺ τῶν
περ   **1681** δ' ἄκουσον   **1682** αὖδα   **1684** ἔρδουσα   **1686** αἰ-
δέσσομαι

i3.63* ὥς τοι ἐνὶ στήθεσσιν ἀτάρβητος νόος ἐστί.
i22.356@ ἦ σ' εὖ γινώσκων προτιόσσομαι· ⌜οὐ γὰρ⌝ ἔμελλον
i22.357 πείσειν· ἦ γὰρ σοί γε σιδήρεος ἐν φρεσὶ θυμός. 1690
i19.421 εὖ νυ τὸ οἶδα καὶ αὐτὸς ὅ μοι μόρος ἐνθάδ' ὀλέσθαι.
i8.477 ὥς γὰρ θέσφατόν ἐστι· σέθεν δ' ἐγὼ οὐκ ἀλεγίζω
i8.478† ⌜μαινομένου⌝, οὐδ' εἴ κε τὰ νείατα πείραθ' ἵκηαι.
o21.348@ τῶν οὔ τίς μ' ἀέκοντα βιήσεται, αἴ κ' ⌜ἐθέλοιμι⌝,
i8.450* ⌜πάντα περ⌝ οἷον ἐμόν γε μένος καὶ χεῖρες, ἄαπτοι. 1695
o21.372† ὡς γὰρ πάντων τόσσον, ὅσοι κατὰ ⌜σώματ'⌝ ἔασι
o21.373†@ ⌜δρηστήρων⌝, ⌜χείρεσσι⌝ βίηφί τε φέρτερος εἴην.
o19.493 οἶσθα μὲν οἷον ἐμὸν μένος ἔμπεδον οὐδ' ἐπιεικτόν.
o5.379 ἀλλ' οὐδ' ὥς σε ἔολπα ὀνόσσεσθαι κακότητος.
o13.293 σχέτλιε, ποικιλομῆτα, δόλων ἆτ', οὐκ ἄρ' ἔμελλες 1700
i5.120 δηρὸν ἔτ' ὄψεσθαι λαμπρὸν φάος ἠελίοιο.
i4.339 καὶ σύ, κακοῖσι δόλοισι κεκασμένε, κερδαλεόφρον,
i24.40† ⌜οὐκέτι τοι⌝ φρένες εἰσὶν ἐναίσιμοι οὔτε νόημα.
i6.326 δαιμόνι', οὐ μὲν καλὰ χόλον τόνδ' ἔνθεο θυμῷ.
i16.30 μή τινα γ' οὖν οὗτός γε λάβοι χόλος, ὃν σὺ φυλάσσεις. 1705
i6.352† ⌜σοὶ γὰρ⌝ δ' οὔτ' ἄρ νῦν φρένες ἔμπεδοι οὔτ' ἄρ ὀπίσσω
i6.353 ἔσσονται· τῷ κέν μιν ἐπαυρήσεσθαι ὀίω.
i9.249* αὐτῷ σοι μετόπισθ' ἄχος ἔσσεται, οὐδέ τι μῆχος
i9.250† ῥεχθέντος κακοῦ ἔστ' ἄκος εὑρεῖ, ⌜ὡς ἀπόλοιο⌝.
i17.41 ἀλλ' οὐ μὰν ἔτι δηρὸν ἀπείρητος πόνος ἔσται. 1710
o22.325 τῷ οὐκ ἂν θάνατόν γε δυσηλεγέα προφύγοισθα,
o11.278*† ἁψάμενος βρόχον αἰπὺν ἀφ' ⌜ὑψορόφοιο⌝ μελάθρου.
o22.67† ⌜οὐδέ σε μὰν⌝ φεύξεσθαι ὀίομαι αἰπὺν ὄλεθρον.
i5.643 σοὶ δὲ κακὸς μὲν θυμός, ἀποφθινύθουσι δὲ λαοί.
o18.225 σοί κ' αἶσχος λώβη τε μετ' ἀνθρώποισι πέλοιτο. 1715

1689 οὐδ' ἄρ 1693 χωομένης 1694 ἐθέλωμι 1695 πάν-
τως 1696 αἴ ... δώματα 1697 μνηστήρων ... χερσίν τε
1703 ᾧ οὔτ' ἄρ 1705 τινα 1706 τούτῳ 1709 ἀλλὰ πολὺ
πρὶν 1712 ὑψηλοῖο 1713 μὰν conieci : οὐδέ σε Steph : ἀλλά
τιν' οὐ Hom

τῶ σ' αὖ νῦν ὀΐω ἀποτισέμεν ὅσσά ⌈μ'⌉ ἔοργας.   i 21.399 @
οὐ γὰρ ἐγὼ σέο φημὶ χερειότερον βροτὸν ἄλλον.   i 2.248
αἰεὶ γάρ τοι ἔρις τε φίλη πόλεμοί τε μάχαι τε.   i 1.177
νηπύτι', οὐδέ νύ πώ περ ἐπεφράσω ὅσσον ἀρείων   i 21.410
1720 εὔχομ' ἐγὼν ἔμεναι, ὅτι μοι μένος ⌈ἀντιφερίζεις⌉;   i 21.411 @
τῶν οὔ τίς μ' ἀέκοντα βιήσεται αἵ κ' ἐθέλοιμι.   o 21.348
αἰὲν ἀναιδείην ἐπιειμένε, οὐδ' ἂν ἔμοιγε   i 9.372 *
τετλαίης κύνεός περ ἐὼν εἰς ὦπα ἰδέσθαι.   i 9.373 *
ἃ δεῖλ', ἦ μάλα δή σε κιχάνεται αἰπὺς ὄλεθρος."   i 11.441
1725 ὣς ἔφαθ', οἱ δ' ἄρα πάντες ὀδὰξ ἐν χείλεσι φύντο.   o 1.381 *
αὐτὰρ ὁ παρ λαμπτῆρσι φαείνων αἰθομένοισιν   o 18.343
ἑστήκειν ἐς πάντας ὁρώμενος· ἄλλα δέ οἱ κῆρ   o 18.344
⌈ὥρμαινε⌉ φρεσὶν ᾗσιν, ἅ ῥ' οὐκ ἀτέλεστα γένοντο.   o 18.345 @

περὶ τῆς κρατήσεως καὶ τοῦ ἐμπαιγμοῦ

τοὶ δ' ἄρ' ⌈ἐπαΐξαντες ἕλον⌉, ἔρυσάν τέ μιν εἴσω·   o 22.187 *
1730 ἔλσαν δ' ἐν μέσσοισι μετὰ σφίσι λῆμα τιθέντες.   i 11.413
πλείοσί τ' ἐν δεσμοῖσι δέον, μᾶλλόν τε ⌈πιέζευν⌉,   o 12.196 * @
⌈ἀλλήλοισι γέλωτα⌉ καὶ εὐφροσύνην ⌈τιθέοντες⌉.   o 20.8 @ †
ἐν δ' αὐτὸς κίεν ᾗσι προθυμίῃσι πεποιθὼς   i 2.588
καρπαλίμως κατὰ ἄστυ· φίλοι δ' ἅμα πάντες ἕποντο   i 24.327
1735 πόλλ' ὀλοφυρόμενοι ὡς εἰ θανατόνδε κιόντα.   i 24.328
οἱ δ' ἐπελώβευον καὶ ἐκερτόμεον ἐπέεσσιν,   o 2.323
"τίς πόθεν εἰς ἀνδρῶν; πόθι τοι πόλις ἠδὲ τοκῆες;   o 24.298
τίς δὲ σύ ἐσσι, φέριστε, καταθνητῶν ἀνθρώπων;"   i 6.123
ὣς ἄρα τις εἴπεσκεν· ὁ δ' οὐκ ἐμπάζετο μύθων,   i 4.85
                                                                         + o 17.488
1740 βαλλόμενος καὶ ἐνισσόμενος τετληότι θυμῷ.   o 24.163
⌈ἐκ δέ κεν⌉ εἵματα ἔσσαν ἐπήρατα, θαῦμα ἰδέσθαι.   o 8.366 †

1716 μ' om. Hom   1720 ἰσοφαρίζεις   1728 ὅρμαινε
1731 πίεζον   1732 ἀλλήλησι γέλω τε ... παρέχουσαι
1741 ἀμφὶ δὲ

64 EVDOCIA

ὧδε δέ τις εἴπεσκε νέων ὑπερηνορεόντων,
"κλήρῳ νῦν πεπάλασθε διαμπερές, ὅς κε λάχῃσιν
παῖδες ὑπέρθυμοι." καὶ ἐπὶ κλήρους ἐβάλοντο,
ἄλλος μὲν χλαῖναν ἐρύων, ἄλλος δὲ χιτῶνα. 1745
ἀμφὶ δ' ἄρα χλαῖναν περονήσατο φοινικόεσσαν.
ἔστη δ' ἐν μέσσοισι· τάφος δ' ἕλεν ἄνδρα ἕκαστον.
ὡς ὁ μὲν εἱστήκει, τοὶ δ' ἄκριτα πόλλ' ἀγόρευον.
φύζαν ⌜δ'⌝ οἷς⌝ ἑτάροισι κακὴν βάλον, οὐδέ τις ἔτλη
στῆναι ἐναντίβιον· περὶ γὰρ κακὰ πάντοθεν ἔστη 1750
σχέτλια ἔργ' ὁρόωσιν· ἀμηχανίν δ' ἔχε θυμόν.
πένθεϊ δ' ἀτλήτῳ βεβολήατο πάντες ἄριστοι,
πάπτηνεν δὲ ἕκαστος ὅπη φύγοι αἰπὺν ὄλεθρον.
οἱ δ' ἀμ' ἀϊστώθησαν ἀολλέες, οὐδέ τις αὐτῶν
ἐξεφάνη· δηρὸν δὲ καθήμενοι ἐσκοπίαζον, 1755
πόλλον ἀφεσταότες. ὁ δ' ἑνὶ μέσῳ ἄλγε' ἔπασχε.

περὶ τῆς ἀρνήσεως τοῦ Πέτρου

αὐτὰρ ὅγ' ἐν προδόμοισι καθῆστο γέρων ἁλιθέρσης
ὅς οἱ κήδιστος ἑτάρων ἦν κεδνότατός τε,
ἑρπύζων παρὰ πυρκαϊήν, ἀδινὰ στοναχίζων.
ᾤμωξεν δ' ὁ γέρων, κεφαλὴν δ' ὅ γε κόψατο χερσὶν, 1760
ὑψόσ' ἀνασχόμενος, ⌜μέγ' ἀνοιμώξας⌝ ἐγεγώνει.
οὗ πέρι μὲν πρόφρων κραδίη καὶ θυμὸς ἀγήνωρ
ἐν πάντεσσι πόνοισι, φίλει δέ ἑ ⌜ἔξοχα πάντων⌝.
ὠρίνθη δέ οἱ ἦτορ ⌜καὶ⌝ οὐ δύνατο προσαμῦναι.
στῆ δ' ἐκτὸς κλισίης, τάχα δ' εἴσιδεν ἔργον ἀεικές. 1765
ἆσσον δ' οὐκέτ' ἔπειτα δυνήσατο οἷο ἄνακτος
ἐλθέμεν· αὐτὰρ ὃ νόσφιν ἰδὼν ἀπομόρξατο δάκρυ.
⌜ἦν δ'⌝ ἐγρηγορόων. ταὶ δ' ἐκ μεγάροιο γυναῖκες

1761 μέγα δ' οἰμώξας   1763 Πάλλας Ἀθήνη   1764 ὅ τ'
1768 κεῖτ'

ἤϊσαν, αἳ ⌜δρηστῆρσιν⌝ ἐμισγέσκοντο πάρος περ. o 20.7†

1770 τοῦ δ' ὠρίνετο θυμὸς ἐνὶ στήθεσσι φίλοισι. o 20.9

ἂψ ⌜δ' ἄρ⌝ ἐπ' οὐδὸν ἰὼν κατ' ἄρ ἕζετο. τοὶ δ' ἴσαν εἴσω o 18.110@

ἡδὺ γελώωντες καὶ δεικανόωντ' ἐπέεσσι. o 18.111

καὶ τότε δή τις ἔειπε γυναικῶν, ἣ σάφα ἤδη o 2.108

ἔρδειν ἔργα βίαια κακορραφίῃσι νόοιο o 2.236

1775 οὐλομένη, ἥ τ' αἰὲν ἀήσυλα ἔργα μέμηλεν, i 5.876 *

δεινὸν ἀποπνείουσα πυρὸς μένος αἰθομένοιο, i 6.182

θάρσος ἄητον ἔχουσα, μέγας δέ ἑ θυμὸς ἀνῆκεν. i 21.395 *

"μῆτις ἔτι πρόφρων ἀγανὸς καὶ ἤπιος ἔστω. o 2.230

ἐγγὺς ἀνὴρ ὃς ἐμόν γε μάλιστ' ἐσεμάσσατο θυμόν, i 20.425

1780 ὅς μοι ἑταῖρον ⌜ἔκοψε⌝ τετιμένον, ⌜οὖας ἀπούρας⌝." i 20.426†

δεινὰ δ' ὁμοκλήσασ' ἔπεα πτερόεντα προσηύδα, i 20.448 *

"ὦ γέρον, οὐχ ἑκὰς οὗτος ἀνήρ, ⌜μάλα⌝ δ' εἴσεαι αὐτός· o 2.40 @

⌜ἦ⌝ τέ οἱ ἐξ ἀρχῆς πατρώϊος ἦσθα ἑταῖρος." o 2.254† *

ὣς ἔφατ', αὐτὰρ ⌜τοῦδε⌝ κατεκλάσθη φίλον ἦτορ. o 4.481†

1785 θαύμαζεν δ' ὁ γεραιός, ὅπως ἴδεν ὀφθαλμοῖσι. o 3.373

οὐδέ τι ἐκφάσθαι δύνατο ἔπος, ἱέμενός περ, o 10.246

κῆρ ἄχεϊ μεγάλῳ ⌜βεβλημένος⌝. ἐν δέ οἱ ὄσσε o 10.247@

δακρυόφιν πίμπλαντο, γόον δ' ὠΐετο θυμός. o 10.248

πολλὰ δὲ μερμήριζε κατὰ φρένα καὶ κατὰ θυμὸν o 20.10

1790 ὕστατα καὶ πύματα, κραδίη δέ οἱ ἔνδον ὑλάκτει. o 20.13

αὐτὰρ ὅ γ' ἠρνεῖτο στερεῶς, ἐπὶ δ' ὅρκον ὄμοσσεν. i 23.42

αὐτὰρ ἐπεὶ δὴ τεῦξε δόλον κεχολωμένη ⌜ἥρῳ⌝, o 8.276 * †

βῆ ῥ' ἴμεν ἐς θάλαμον, ὅθι οἱ φίλα δέμνια κεῖτο. o 8.277

ἀλλ' ὅτε δή ῥ' ἐκτὸς θυρέων ἦν ἠδὲ καὶ αὐλῆς, o 21.191 *

1795 δή ῥα τότ' ᾤμωξέν τε καὶ ὣ πεπλήγετο μηρὼ i 12.162

χερσὶ καταπρηνέσσι. δάκρυα δὲ ἔκβαλε θερμά, cf. o 19.467 + 362

ὅττι ῥά οἱ πάμπρωτα θεόν γ' ⌜ἠρνήσατο⌝ πάντων. i 17.568†

1769 μνηστῆρσιν 1771 δ' ὅ γε 1780 ἔπεφνε ... οὐδ' ἂν
ἔτι δὴν 1782 τάχα 1783 οἵ 1784 ἐμοί γε 1787 βεβο-
λημένος 1792 Ἄρει 1796 ἠρήσατο

66 EVDOCIA

κλαῖεν δ' ἐν ⸢κονίῃσι⸣ καθήμενος, οὐδέ νυ οἱ κῆρ
ἤθελ' ἔτι ζώειν καὶ ὁρᾶν φάος ἠελίοιο.
ἀμφοτέρῃσι δὲ χερσὶν ἑλὼν κόνιν αἰθαλόεσσαν, 1800
χεύατο κὰκ κεφαλῆς, χάριεν δ' ᾔσχυνε πρόσωπον.
δὴ τότε μιν προσέειπε γέρων ἄλιος νημερτής·
"ὣς οὐκ αἰνότερον καὶ κύντερον ἄλλο γυναικός,
ἥτις δὴ τοιαῦτα μετὰ χερσὶν ἔργα βάληται."
ἦ ῥ ὁ γέρων, πολιὰς δ' ἄρ' ἀνὰ τρίχας ἕλκετο χερσί, 1805
αὐλῆς ἐκτὸς ἐών· οἱ δ' ἔνδοθι μῆτιν ὕφαινον
νωλεμέως· ἀτὰρ αὐτὸς ἑλίσσετο ἔνθα καὶ ἔνθα
ὡς δ' ὅτε γαστέρ' ἀνὴρ πολέος πυρὸς αἰθομένοιο
ἐμπλείην κνίσης τε καὶ αἵματος, ἔνθα καὶ ἔνθα
αἰόλλῃ, μάλα δ' ὦκα λιλαίεται ὀπτηθῆναι, 1810
ὣς ἄρ' ὅ γ' ἔνθα καὶ ἔνθα ἑλίσσετο μερμηρίζων.
ἂψ δ' ἑτάρων εἰς ἔθνος ἐχάζετο, χώσατο δ' αἰνῶς.
δαιτυμόνες ⸢δ' ἀνὰ⸣ δώματα ἴσαν θείου βασιλῆος,
ἀρχοὶ μνηστήρων, ἀρετῇ δ' ἔσαν ἔξοχ' ἄριστοι.

περὶ τῆς πρὸ τοῦ σταυροῦ μαστιγώσεως

ἠὼς μὲν κροκόπεπλος ἐκίδνατο πᾶσαν ἐπ' αἶαν 1815
οἴκτρ' ὀλοφυρομένη, θαλερὸν κατὰ δάκρυ χέουσα.
ἠέριοι δ' ἄρα τοί γε κακὴν ἔριδα προφέροντο·
ἐν πεδίῳ δ' ἵσταντο διαρραῖσαι μεμαῶτες.
χερσὶ δ' ἔχον ῥόπαλα παγχάλκεα, αἰὲν ἀαγῆ.
αὐτίκα δὲ σφήκεσσιν ἐοικότες ἐξεχέοντο 1820
εἰνοδίοις, οὓς παῖδες ἐριδμαίνωσιν ἔθοντες,
αἰεὶ κερτομέοντες, ὁδῷ ἐπὶ οἰκί' ⸢ἔχοντες⸣,
νηπίαχοι· ξυνὸν δὲ κακὸν πολέεσσι τιθεῖσι.
ἀζηχὴς δ' ὀρυμαγδὸς ἐπήϊεν ἐρχομένοισιν.
πέπληγόν θ' ἱμᾶσιν, ὁμόκλησάν τ' ἐπέεσσιν. 1825

1798 ψαμάθοισι 1813 δ' ἐς 1822 ἔχοντας

οἱ δ' ἄρ ἴσαν, ὡς εἴ τε πυρὶ χθὼν πᾶσα νέμοιτο.　　i 2.780
εἰς ἔχετον βασιλῆα, βροτῶν δηλήμονα πάντων.　　o 18.116
ὃς δ' ἦ τοι τὸ πρὶν μὲν ἀναίνετο ἔργον ἀεικές·　　o 3.265 *
κτεῖναι μέν ῥ' ἀλέεινε, σεβάσσατο γὰρ τό γε ⌜μύθῳ⌝.　　i 6.167†
1830 αὐτίκα κήρυκες μὲν ὕδωρ ἐπὶ χεῖρας ἔχευαν　　i 9.174
πρῶτον, ἔπειτα δ' ἔνιψ' ὕδατος καλῇσι ῥοῇσι.　　i 16.229
καί σφεας φωνήσας ἔπεα πτερόεντα προσηύδα·　　i 4.284
"ὦ φίλοι, οὐκ ἄν ἔγωγε κατακτείνειν ἐθέλοιμι.　　o 16.400
ἀργαλέος γάρ τ' ἐστὶ θεὸς βροτῷ ἀνδρὶ δαμῆναι,　　o 4.397
1835 ὅς περ θνητὸς ⌜ἔῃ⌝ καὶ οὐ τόσα μήδεα οἶδε.　　i 18.363 *
ἀλλὰ τίη νῦν οὗτος ἀναίτιος ἄλγεα πάσχει,　　i 20.297
μὰψ ἕνεκ' ἀλλοτρίων ἀχέων, κεχαρισμένα δ' αἰεὶ　　i 20.298
δῶρα ⌜θεός γε⌝ δίδωσιν, ὃς οὐρανὸν εὐρὺν ἔχῃσι;　　i 20.299 *
μὴ ἀγαθῷ περ ἐόντι ⌜νεμεσσηθῶμέν⌝ οἱ ἡμεῖς,　　i 24.53@
1840 ἀλλ' ἀναχασσώμεσθα, ⌜θεοῦ⌝ δ' ἀλεώμεθα μῆνιν.　　i 7.264 *
 + 5.34†
οὐ γάρ πως πάντεσσι θεὸς φαίνοιτο ἐναργής."　　o 16.161 *
ὣς ἄρα φωνήσας ἀπεβήσατο, τὸν δὲ λίπ' αὐτοῦ,　　i 2.35
δῆμον ὑποδδείσας· δὴ γὰρ κεχολώατο λίην.　　o 16.425
δῆσε δ' ὀπίσσω χεῖρας ἐϋτμήτοισιν ἱμᾶσι.　　i 21.30
1845 πεπλήγει δ' ἀγορῆθεν ἀεικέσσι πληγῇσιν.　　i 2.264 *
σμῶδιξ δ' αἱματόεσσα μεταφρένου ἐξυπανέστη.　　i 2.267
ἐς δ' ἦλθον δρηστῆρες ἀγήνορες· οἱ μὲν ἔπειτα　　o 20.160
κεκλόμενοι καθ' ὅμιλον ἐπ' αὐτῷ πάντες ἔβησαν,　　i 11.460
κάρτεΐ τε σθένεΐ τε πεποιθότες ἠνορέῃ τε　　i 17.329 *
1850 πλήθεΐ τε σφετέρῳ, καὶ ὑπερδέα δῆμον ἔχοντες.　　i 17.330 *
οὐδ' ὄπιδα τρομέουσι θεοῦ· μεμάασι γὰρ ἤδη.　　o 20.215
οἱ δ' ἐπεὶ ἐκ πόλιος κατέβαν, τάχα δ' ἀγρὸν ἵκοντο　　o 24.205
τείχεος ⌜ἔκτοσθεν⌝, μέγα δέ σφισι φαίνετο ἔργον.　　i 12.416†

1829 θυμῷ   1835 τ' ἐστι   1838 θεοῖσι   1839 νεμεσση-
θέωμέν   1840 Διός   1853 ἔντοσθεν

68 EVDOCIA

περὶ τῆς σταυρώσεως

ἔστηκε ξύλον αὖον ὅσον τ' ὄργυι' ὑπὲρ αἴης,
ἢ δρυὸς ἢ πεύκης· τὸ μὲν οὐ καταπύθεται ὄμβρῳ.　1855
ἀνδρὸς μὲν τόδε σῆμα πάλαι κατατεθνηῶτος.
τόσσον ἔην μῆκος, τόσσον πάχος εἰσοράασθαι.
σειρὴν δὲ πλεκτὴν ἐξ αὐτοῦ πειρήναντες
εἴρυσαν, ἠνορέῃ πίσυνοι καὶ κάρτεϊ χειρῶν,
δήμιοι, οἳ κατ' ἀγῶνας ἐῢ πρήσσεσκον ἕκαστα　1860
νήπιοι, οἱ δ' ἄρα δὴ τάδε ⌜μήδεα⌝ μηχανόωντο.
⌜δρηστῆρες⌝ δ' ἑτέρωθεν ὁμόκλεον ἐν μεγάροισι.
ἴθυσαν δὲ ⌜λύκοισιν⌝ ἐοικότες ὠμοφάγοισιν.
ἀρνειῷ μιν ἔγωγε ἐΐσκω πηγεσιμάλλῳ,
ὅς τ' ὀΐων μέγα πῶϋ διέρχεται ἀργεννάων　1865
ἀρνειὸς γὰρ ἔην μήλων ὄχ' ἄριστος ἀπάντων.
ἐν δ' αὐτὸς κίεν ᾗσι προθυμίῃσι πεποιθώς.
δεσμῷ ⌜δ''⌝ ἀργαλέῳ δέδετο, κρατέρ' ἄλγεα πάσχων.
σὺν δὲ πόδας χεῖράς τε δέον κεκοτηότι θυμῷ.
ἐς μέσσον δ' ἄναγον· τὼ δ' ἄμφω χεῖρας ἀνέσχον　1870
καρπαλίμως, ἀπὸ δὲ χλαῖναν θέτο φοινικόεσσαν.
ἦμος δ' ἠέλιος μέσον οὐρανὸν ἀμφιβεβήκει,
δεξάμενοι δ' ἄρα τοί γε διαστάντες τανύουσι
⌜σταυροῖσιν πυκινοῖσι⌝ διαμπερὲς ἔνθα καὶ ἔνθα
γυμνόν, ἀτάρ τοι εἵματ' ἐνὶ μεγάροισι κέοντο,　1875
ὀρθὸν ἐν ἱστοπέδῃ· ἐκ δ' αὐτοῦ πείρατ' ⌜ἀνῆψαν⌝
ὕψι μάλα μεγάλως· ἐπὶ δ' ἴαχε λαὸς ὄπισθε.
ὣς ὁ μὲν αὖθι λέλειπτο, ταθεὶς ὀλοῷ ⌜ὑπὸ⌝ δεσμῷ
μεσσηγὺς γαίης τε καὶ οὐρανοῦ ἀστερόεντος,
ὥρῃ ἐν εἰαρινῇ, ὅτε τ' ἤματα μακρὰ πέλονται·　1880
ὥς κεν δηθὰ ζωὸς ἐὼν χαλέπ' ἄλγεα πάσχῃ.

1861 τείχεα　1862 μνηστῆρες　1863 κύνεσσιν　1868 ἐν
1874 σταυροὺς δ' ἐκτὸς ἔλασσε　1876 ἀνῆπτον　1878 ἐνὶ

οὐδέ τι κινῆσαι μελέων ἦν οὐδ᾽ ἀναεῖραι,   o 8.298
οὔτε στηρίξαι ποσὶν ἔμπεδον οὔτ᾽ ἐπιβῆναι.   o 12.434
ἰδνώθη δ᾽ ὀπίσω· ὁ δ᾽ ἀπὸ χθονὸς ὑψόσ᾽ ἀερθείς.   o 8.375 *
1885 καὶ τότε δὴ γίνωσκον ὅ τ᾽ οὐκέτι φυκτὰ πέλοντο.   o 8.299
οἱ δ᾽ ἐπελώβευον καὶ ἐκερτόμεον ἐπέεσσιν.   o 2.323
αὐτὰρ ὁ θυμὸν ἔχων ὃν καρτερόν, ὡς τὸ πάρος περ,   i 5.806
τρὶς μὲν ἔπειτ᾽ ἤϋσεν ὅσον κεφαλὴ χάδε φωτός.   i 11.462
στεῦτο δὲ διψάων, πιέειν δ᾽ οὐκ ⌜ἤθελ⌝ ἐλέσθαι·   o 11.584 †
1890 χείλεα μέν τε δίην᾽, ὑπερῷην δ᾽ οὐκ ἐδίηνεν.   i 22.495
ὧδε δὲ τις εἴπεσκε νέων ὑπερηνορεόντων,   o 2.324
"νήπιός εἰς, ὦ ξεῖνε, λίην τόσον ⌜ἠὲ⌝ χαλίφρων,   o 4.371 @
ἠὲ ἑκὼν μεθιεῖς, καὶ τέρπεαι ἄλγεα πάσχων;   o 4.372
εἰ μὲν δὴ θεός ἐσσι, θεοῖό τε ἔκλυες αὐδῆς,   o 4.831
1895 καί πού τις δοκέεις μέγας ἔμμεναι ἠδὲ κραταιός,   o 18.382
οὕνεκα πὰρ παύροισι καὶ οὐκ ἀγαθοῖσιν ὁμιλεῖς.   o 18.383
ἀλλὰ σὺ πέρ μοι εἰπέ, θεὸς δὲ ⌜τὰ⌝ πάντα ἴσησιν.   o 4.468 * †
ἔρξον ὅ περ δή τοι νόος ὀτρύνει καὶ ἀνώγει.   cf. i 15.148
καὶ σύ, φίλος, μάλα γάρ σ᾽ ὁρόω καλόν τε μέγαν τε,   o 3.199
1900 ἄλκιμος ἔσσ᾽, ἵνα τίς σε καὶ ὀψιγόνων ἐὺ εἴπῃ.   o 3.200
⌜εἶξόν γ᾽⌝ ὅππῃ σε κραδίη θυμός τε κελεύει.   o 15.339 †
αὐτὸν μέν σε πρῶτα σάω, καὶ φράζεο θυμῷ   o 17.595
εἰ ἐτεὸν δὴ πάντα τελευτήσεις ὅσ᾽ ὑπέστης.   i 13.375
ἀλλ᾽ ἄγε νῦν κατάβηθι καὶ ἂψ ἔρχευ μεγαρόνδε·   o 23.20
1905 ⌜οἵδε⌝ τοι ἐκτελέσουσιν ὑπόσχεσιν ἥν περ ὑπέσταν.   i 2.286 †
καί κέ τοι ἡμεῖς ταῦτά γ᾽ ὑποσχόμενοι τελέσαιμεν.   i 13.377
ἤτοι μὲν γὰρ νῶϊ πολέας ὠμόσσαμεν ὅρκους.   i 20.313
ξεῖν᾽ οὕτω γὰρ κέν τοι ἐϋκλείν τ᾽ ἀρετή τε   o 14.402 *
εἴη ἐπ᾽ ἀνθρώπους ἅμα τ᾽ αὐτίκα καὶ μετέπαιτα.   o 14.403
1910 ὦ πόποι ἦ ῥ᾽ ἀγαθός περ ἐὼν ὑπέροπλον ἔειπες."   i 15.185

1889 εἶχεν   **1892** ἠδὲ   **1897** τε   **1901** πέμψει δ᾽   **1905** οὐδέ

70 EVDOCIA

περὶ τοῦ ἑκατοντάρχου

ὦδε δέ τις εἴπεσκεν ἰδὼν εἰς οὐρανὸν εὐρύν,
"κείνου μέν τοι ὅδ' υἱὸς ἐτήτυμος, ὡς ἀγορεύει.
τοίου γὰρ καὶ πατρός, ὃ καὶ πεπνυμένα βάζει.
ἀλλὰ σαόφρων ἐστί, νεμεσσᾶται δ' ἐνὶ θυμῷ.
τῷ δὲ μάλ' ἐν πείσῃ κραδίη μένε τετληυῖα." 1915
αἶψα δ' ἐὸν πατέρα προσεφώνεεν ἐγγὺς ἐόντα,
"ὦ πάτερ, ἦ μέγα θαῦμα τόδ' ὀφθαλμοῖσιν ὁρῶμαι.
ἴσχεο, μηδὲ περισθενέων δηλήσεο τούσδε,
τάων, οἳ δὴ ἐμῇ κεφαλῇ κατ' ὀνείδεα χεῦαν·
οἵ τέ μ' ἀτιμάζουσι καὶ οἳ ⌜νηλιτεῖς⌝ εἰσι. 1920
οἵ τ' ἐμὲ ὑβρίζοντες ἀτάσθαλα μηχανόωνται·
νῦν δέ μ' ἀτιμάζουσι κακὰ χροῒ εἵματ' ἔχοντα.
νῦν αὖ παῖδ' ἀγαπητὸν ἀποκτεῖναι μεμάασιν.
ἀλλὰ ⌜πάτερ⌝, τόδε πέρ μοι ἐπικρήηνον ἐέλδωρ,
αὐτοὺς δή περ ἔασον ὑπεκφυγέειν καὶ ἀλύξαι. 1925
ἴσχεο, μηδὲ βίην τίσαις ὑπερηνορεόντων
ἀνδρῶν δρηστήρων κεχολωμένος, οἵ ⌜με ἔτισαν⌝.
ἄλλης μὲν λώβης τε καὶ αἴσχεος οὐκ ἐπιδευεῖς.
ἤδη γὰρ τετέλεστο ἅ μοι φίλος ἤθελε θυμός."
ὡς ἄρα μιν εἰπόντα τέλος θανάτοιο κάλυψε. 1930
ψυχὴ δ' ἐκ ῥεθέων πταμένη Ἀϊδος δὲ βεβήκει,
τῆλε μάλ', ἧχι βάθιστον ὑπὸ χθονός ἐστι βάραθρον,
τῶν ἄλλων ψυχὰς ἰδέειν κατατεθνηώτων.
ἔνθα σιδήρεαί τε πύλαι καὶ χάλκεος οὐδός,
καρτερός· ἔρρηξεν δὲ πύλας καὶ μακρὸν ὀχῆα. 1935
οἱ δ' αἰεὶ περὶ νεκρὸν ὁμίλεον, ὡς ὅτε μυῖαι
σταθμῷ ⌜ἔπι⌝ βρομέωσι περιγλαγέας κατὰ πέλλας
ὥρῃ ἐν εἰαρινῇ, ὅτε γλάγος ἄγγεα δεύει.

1920 νήλιτιδες   1924 Ζεῦ   1927 μνηστήρων ... οἱ ἔκειρον
1932 βέρεθρον   1937 ἔνι

ἄλλος δ' αὖτ' εἴπεσκε νέων ὑπερηνορεόντων,   o 21.401
1940 "ὤ μοι, ξεῖνε, τίη τοι ἐνὶ φρεσὶ τοῦτο νόημα   o 15.326
ἔπλετο; ἦ σύ γε πάγχυ λιλαίεαι αὐτόθ' ὀλέσθαι,   o 15.327
εἰπέ μοι ἠὲ ἑκὼν ὑποδάμνασαι ἦ σέ γε λαοὶ   o 3.214
ἐχθαίρουσ' ἀνὰ δῆμον, ἐπισπόμενοι ⌜μένεϊ σφῷ⌝,   o 3.215†
τίς δ' οἶδ' εἴ κέ ποτέ σφι βίας ⌜ἀποτίσεαι⌝ ἐλθών.   o 3.216@
1945 εἰπέ μοι εἰρομένῳ νημερτέα μηδ' ἐπικεύσῃς·   o 15.263
εἰ μὲν δὴ θεός ἐσσι, θεοῖό τε ἔκλυες αὐδῆς,   o 4.831
εἰ δή τοι σοῦ πατρὸς ἐνέστακται μένος ἠΰ,   o 2.271
οἷος ἐκεῖνος ἔην τελέσαι ἔργον τε ἔπος τε.   o 2.272
ἀλλ' ἄγε νῦν κατάβηθι καὶ ἂψ ἔρχευ μεγαρόνδε.   o 23.20
1950 ⌜σῶσον⌝ νῦν, ἵνα πάντες ἐπιγνώωσι καὶ οἵδε,   o 18.30†
⌜εἴ⌝ κεν ἐμῷ ὑπὸ δουρὶ τυπεὶς ἀπὸ θυμὸν ὀλέσσῃς.   i 11.433†
ἀλλ' ἄγε δὴ καὶ δουρὸς ἀκωκῆς ἡμετέροιο   i 21.60
γεύσεο· ὄφρα ἴδωμαι ἐνὶ φρεσὶ ἠδὲ δαείω,   i 21.61*
ἤ γ' ἄρ ὁμῶς καὶ κεῖθεν ἐλεύσεαι ἦ σέ κ' ἐρύξει   i 21.62*
1955 γῆ φυσίζοος, ἥ τε κατὰ κρατερόν περ ἐρύκει."   i 21.63
ὣς ἄρα τις εἴπεσκε καὶ οὐτήσασκε παραστάς·   i 22.375
πάντα δ' ἀπὸ πλευρᾶς χρόα ἔργαθεν, οὐδ' ἔτ' ἔασε.   i 11.437*
τῇ ῥά μιν οὖτα τυχών, διὰ δὲ χρόα καλὸν ἔδαψεν.   i 5.858
⌜εἶθαρ⌝ δ' ἄμβροτον αἷμα κατέρρεεν ἐξ ὠτειλῆς,   i 5.870†
1960 νηπενθές τ' ἄχολόν τε, κακῶν τ' ἐπίληθον ἁπάντων.   o 4.221
τοῦτό νυ καὶ γέρας οἷον ὀϊζυροῖσι βροτοῖσι.   o 4.197
οὔ ποτέ τοι θάνατον προτιόσσετο θυμὸς ἀγήνωρ,   o 14.219*
ὃς τὸ καταβρόξειεν, ἐπὴν κρητῆρι μιγείη,   o 4.222
⌜οὐκ ἄν⌝ ἐφημέριός γε βάλοι κατὰ δάκρυ παρειῶν,   o 4.223†
1965 οὐδ' εἴ οἱ κατατεθναίη μήτηρ τε πατήρ τε,   o 4.224
ἠὲ κασίγνητος ὁμογάστριος ἠὲ καὶ υἱός.   i 24.47*
τοῖσιν δ' αὐτίκ' ἔπειτα θεὸς ⌜τέρατα⌝ προύφαινε,   o 12.394*@
σμερδαλέα κτυπέων· τοὺς δὲ χλωρὸν δέος ᾕρει.   i 7.479

1943 θεοῦ ὀμφῇ   1944 ἀποτίσεται   1950 ζῶσαι   1951 ἦ
1959 δαῖξεν   1964 οὔ κεν   1967 τέραα

72 EVDOCIA

αὐτίκα δ' ἐβρόντησεν ἀπ' οὐρανοῦ ἀστεροέντος.

βροντήσας δ' ἄρα δεινὸν ἀφῆκ' ἀργῆτα κεραυνόν. 197(

ἀστράψας δὲ μάλα μεγάλ' ἔκτυπε, τὴν δὲ τίναξε

γαῖαν ἀπειρεσίην ὀρέων τ' αἰπεινὰ κάρηνα.

ἀμφὶ δὲ σάλπιγξεν μέγας οὐρανός, ἄιε δὲ ⌐χθών⌐.

σὺν δ' Εὖρός τε Νότος τ' ἔπεσον Ζέφυρός τε δυσαὴς

καὶ Βορέης αἰθρηγενέτης, μέγα κῦμα κυλίνδων 197?

λαίλαπι θεσπεσίῃ, σὺν δὲ νεφέεσσι κάλυψε

γαῖαν ὁμοῦ καὶ πόντον· ὀρώρει δ' οὐρανόθεν νύξ

θεσπεσίη. ἐπὶ δ' αὖ δεινὸς τρόμος ἔλλαβε πάντας.

λαοὶ δ' ἠρήσαντο ⌐θεῷ ἰδὲ⌐ χεῖρας ἀνέσχον.

πάντες δ' ἐσσείοντο πόδες πολυπίδακος Ἴδης, 198(

οὔρεά τε σκιόεντα θάλασσά τε ἠχήεσσα,

καὶ ποταμοὶ καὶ γαῖα καὶ οἱ ὑπένερθε καμόντες

πάντοθεν ἐκ κευθμῶν, οὐδ' ἠγνοίησαν ἄνακτα

βαλλόμενον καὶ ἐνισσόμενον τετληότι θυμῷ.

ἔδδεισεν δ' ὑπένερθεν ἄναξ ἐνέρων Ἀϊδωνεύς, 198?

δείσας δ' ἐκ θρόνου ἆλτο καὶ ἴαχε ⌐μάλα λιγείως⌐·

"⌐ὤ μοι⌐·" ἄφαρ δ' ὤϊξε ⌐θύρας⌐ καὶ ἀπῶσεν ὀχῆας.

ἦλθον ἔπειθ' ὅσα φύλλα καὶ ἄνθεα γίνεται ὥρῃ

ψυχαὶ ὑπὲξ ⌐Ἐρέβους⌐ νεκύων κατατεθνηώτων,

ἀχνύμεναι· περὶ δ' αὐτὸν ἀγηγέραθ' ὅσσαι ⌐ἄρισται⌐. 199(

ἤϋσεν δὲ διαπρύσιον ⌐νεκύεσσι⌐ γεγωνώς,

"καρπαλίμως ἔρχεσθε· ἐγὼ δ' ὁδὸν ἡγεμονεύσω·

ἔνθα δὲ πατρὸς ἐμοῦ τέμενος τεθαλυῖά τ' ἀλωή."

ὣς ἄρα φωνήσας ἡγήσατο· τοὶ δ' ἅμ' ἕποντο.

ὧδε δέ τις εἴπεσκεν ἰδὼν ἐς πλησίον ἄλλον, 199?

"ὦ φίλοι, ἦ μέγα ἔργον ὑπερφιάλως ἐτελέσθη.

ἦ μεγάλ' ἐβρόντησεν ἀπ' οὐρανοῦ ἀστερόεντος

1973 Ζεύς 1979 θεοῖσι 1986 μή οἱ ὑπέρθε 1987 πᾶσιν
... θύρας 1989 Ἐρέβευς 1990 ἅμ' αὐτῷ 1991 Δαναοῖσι
1996 ὢ πόποι

ὃς πᾶσι θνητοῖσι καὶ ἀθανάτοισιν ἀνάσσει,   i 12.242
ὄφρ᾽ ἀνδρῶν τίσαιτο ⌈βίας⌉ ὑπερηνορεόντων,   o 23.31 @
2000 λώβην τινύμενος θυμαλγέα καὶ κακὰ ἔργα.   o 24.326
εἵνεκα ⌈δὴ⌉ ξείνοιο τάδ᾽ αἰδοίοιο τέτυκται."   o 8.544 †
ἐν δ᾽ ἔπεσ᾽ Ὠκεανῷ λαμπρὸν φάος ἠελίοιο,   i 8.485
ἕλκον νύκτα μέλαιναν ἐπὶ ζείδωρον ἄρουραν,   i 8.486
ἠέλιός θ᾽ ὃς πάντ᾽ ἐφορᾷ καὶ πάντ᾽ ἐπακούει,   i 3.277 *
2005 οὔ τε καὶ ὀξύτατον πέλεται φάος εἰσοράασθαι,   i 14.345
οὐρανοῦ ἐξαπόλωλε, κακὴ δ᾽ ἐπιδέδρομεν ἀχλύς.   o 20.357
ἔνθά κε λοιγὸς ἔην καὶ ἀμήχανα ἔργα γένοντο.   i 8.130

περὶ τοῦ πνιγμοῦ τοῦ Ἰούδα

ἀλλ᾽ ἦ τοι κεῖνος μὲν ἐπισμυγερῶς ἀπέτισεν,   o 3.195
ὃς μέγα ἔργον ἔρεξεν ἀτασθαλίῃσιν ⌈ἑῇσιν⌉,   o 24.458 * @
2010 ἁψάμενος βρόχον αἰπὺν ἀφ᾽ ὑψηλοῖο μελάθρου   o 11.278 *
νήπιος, οὐδέ τί οἱ τό γε ἐπήρκεσε λυγρὸν ὄλεθρον   i 2.873
⌈ὃς⌉ ἀπόλοιτο καὶ ἄλλος ὅτις τοιαῦτά γε ῥέζοι.   o 1.47 †
τοίην γὰρ κεφαλὴν ἕνεκ᾽ αὐτοῦ γαῖα κατέσχεν.   o 11.549 *
⌈πάντας⌉ δὲ τρόμος αἰνὸς ὑπήλυθε γυῖα ἑκάστου.   i 20.44 †
2015 νεκρὸν δὲ προλιπόντες ἐπέτρεσαν ⌈ἄλλυδις ἄλλος⌉.   i 17.275 †
πρὸς δὲ πόλιν τρωπῶντο λιλαιόμενοι βιότοιο.   o 24.536
πᾶσαι δ᾽ ὠΐγνυντο πύλαι, ⌈ἐς⌉ δ᾽ ἔσσυτο λαὸς,   i 2.809 †
πεζοί θ᾽ ἱππῆές τε· πολὺς δ᾽ ὀρυμαγδὸς ὀρώρει.   i 2.810
οἱ δ᾽ ἐφέβοντο κατὰ μέγαρα, ⌈ὡς βοῦς⌉ ἀγελαῖαι.   o 22.299 †
2020 τόφρ᾽ ἄλλοι ⌈πάντες⌉ πεφοβημένοι ἦλθον ὁμίλῳ   i 21.606 †
ἀσπάσιοι προτὶ ἄστυ, πόλις δ᾽ ἔμπλητο ἀλέντων.   i 21.607
καὶ τότε δή ⌈ῥ᾽ ἔσχοντο⌉ βίης λῦσαί τε ⌈κέλευον⌉,   o 4.422 * †
νήπιοι ἀγροιῶται, ἐφημέρια φρονέοντες,   o 21.85

1999 βίην   2001 γὰρ   2009 κακῇσι   2012 ὡς   2014 Τρῶας
2015 οὐδέ τιν᾽ αὐτῶν   2017 ἐκ   2019 βόες ὣς   2020 Τρῶες
2022 σχέσθαι τε ... γέροντα

74 EVDOCIA

οἵ μέγα ἔργον ἔρεξαν ἀϊδρείῃσι νόοιο.
καὶ γὰρ δὴ νῦν φῶτα κατέκτανον, ὃς μέγ' ἄριστος. 2025
ὡς δή σφιν καὶ πᾶσιν ὀλέθρου πείρατ' ἐφῆπτο.
οἱ μὲν ἄρ' ἐσκίδναντο ἑὰ πρὸς δώμαθ' ἔκαστος,
οἱ δὲ μάλ' ἐτρόμεον καὶ ἐδείδισαν, οὐδέ τις ἔτλη.
⌜δρηστῆρες⌝ δ' ἀνεχώρησαν μεγάροιο μυχόνδε.

περὶ τοῦ ἐπιταφίου θρήνου

⌜τὸν δ' ἄρ⌝ ἔπειθ' ὑποδύντε δύω ἐρίηρες ἑταῖροι 2030
κάτθεσαν ἐν λεχέεσσι· φίλοι δ' ἀμφέσταν ἑταῖροι
μυρόμενοι, θαλερὸν δὲ κατείβετο δάκρυ παρειῶν.
ἀμφὶ δέ μιν φᾶρος καλὸν βάλον ἠδὲ χιτῶνα.
ἐν λεχέεσσι δὲ θέντες ἑανῷ λιτὶ κάλυψαν
ἐς πόδας ἐκ κεφαλῆς, καθύπερθε δὲ φάρεϊ λευκῷ. 2035
ἐν δ' ὠτειλὰς πλῆσαν ἀλείφατος ἐννεώροιο.
⌜ἀλλὰ γὰρ⌝ οὐδέ τί οἱ χρὼς σήπετο, οὐδέ μιν εὐλαὶ
ἔσθουσ', αἵ ῥά τε φῶτας ἀρηϊφάτους κατέδουσιν.
αἰεὶ τῷδ' ἔσται χρὼς ἔμπεδον, ἢ καὶ ἄρειον.
μήτηρ δ', ἥ μιν ἔτικτε καὶ ἔτρεφε τυτθὸν ἐόντα, 2040
ἀμφ' αὐτῷ χυμένη λίγ' ἐκώκυε, χερσὶ δ' ἄμυσσε
στήθεά τ' ἠδ' ἁπαλὴν δειρὴν ἰδὲ καλὰ πρόσωπα.
ἐκπάγλως γὰρ παιδὸς ὀδύρετο οἰχομένοιο.
ὀξὺ δὲ κωκύσασα κάρη λάβε παιδὸς ἑοῖο.
ἀμβρόσιαι δ' ἄρα χαῖται ἐπερρώσαντο ἄνακτος. 2045
τὴν δὲ κατ' ὀφθαλμῶν ἐρεβεννὴ νὺξ ἐκάλυψεν.
ἀλλ' ὅτε δή ῥ' ⌜ἄμπνυτο⌝ καὶ ἐς φρένα θυμὸς ἀγέρθη,
καί ῥ' ὀλοφυρομένη ἔπεα πτερόεντα προσηύδα·
"τέκνον ἐμόν, πῶς ἦλθες ὑπὸ ζόφον ἠερόεντα
ζωὸς ἐών; χαλεπὸν δὲ τόδε ζωοῖσιν ὁρᾶσθαι. 2050

2029 μνηστῆρες 2030 τὸν μὲν 2037 κειμένῳ 2047 ἔμπνυτο

ὤ μοι, τέκνον ἐμόν, περὶ πάντων κάμμορε φωτῶν,   o 11.216
πῶς ἂν ἔπειτ' ἀπὸ σεῖο, φίλον τέκος, αὖθι λιποίμην;   i 9.437
πῇ γὰρ ἐγώ, φίλε τέκνον, ἴω; τεῦ δώμαθ' ἵκωμαι;   o 15.509
πῶς ἔτλης Ἀϊδόσδε κατελθέμεν, ἔνθά τε νεκροί;"   o 11.475
2055   ἀμφὶ δὲ παιδὶ φίλῳ βάλε πήχεε ⌜δάκρυ χέουσα⌝·   o 17.38 †
κύσσε δέ μιν κεφαλήν τε καὶ ἄμφω φάεα καλὰ   o 17.39
χεῖράς τ' ἀμφοτέρας· θαλερὸν δέ οἱ ἔκπεσε δάκρυ.   o 16.16
"⌜τέκνον⌝, ἐμοί γε μάλιστα λελείψεται ἄλγεα λυγρά.   i 24.742 †
οὐ γάρ μοι θνήσκων λεχέων ἐκ χεῖρας ὄρεξας.   i 24.743
2060 οὐδέ τί μοι εἶπες πυκινὸν ἔπος, οὗ τέ κεν αἰεὶ   i 24.744
μεμνήμην νύκτάς τε καὶ ἤματα δάκρυ χέουσα.   i 24.745
ἀλλά με σός τε πόθος σά τε μήδεα, ⌜φαίδιμε υἱέ⌝,   o 11.202 †
σή τ' ἀγανοφροσύνη μελιηδέα θυμὸν ἀπηύρα.   o 11.203
τώ σ' ἄμοτον κλαίω τεθνηότα, μείλιχον αἰεί.   i 19.300
2065 νῦν δὲ σὺ μέν ⌜ῥ'" Ἀΐδαο δόμους ὑπὸ κεύθεσι γαίης   i 22.482 @
ἔρχεαι, αὐτὰρ ἐμὲ στυγερῷ ἐνὶ πένθεϊ λείπεις."   i 22.483
        ὣς ἔφατο κλαίουσ', ἐπὶ δ' ἔστενε δῆμος ἀπείρων.   i 24.776
⌜οὐδὲ γὰρ⌝ οὐδέ τις αὐτόθ' ἐνὶ πτόλεϊ λίπετ' ἀνὴρ   i 24.707 †
οὐδὲ γυνή· πάντας γὰρ ἀάσχετον ἵκετο πένθος.   i 24.708
2070 ⌜αἶψα⌝ τοῖσι δὲ πᾶσιν ὑφ' ἵμερον ὦρσε γόοιο.   i 23.108 †
καὶ νύ κ' ὀδυρομένοισιν ἔδυ φάος ἠελίοιο.   o 16.220
ἡ δ' ἐπεὶ οὖν τάρφθη πολυδακρύτοιο γόοιο,   o 21.57
βῆ ῥ' ἴμεναι μέγαρόνδε μετὰ μνηστῆρας ἀγαυούς.   o 21.58

περὶ τῆς ταφῆς

2075 τορνώσαντο δὲ σῆμα θεμείλιά τε προβάλοντο.   i 23.255
ἀγκὰς δ' ἀλλήλων λαβέτην χερσὶ στιβαρῇσιν.   i 23.711
οἱ δ' ὥς θ' ἡμίονοι κρατερὸν μένος ἀμφιβαλόντες   i 17.742
ἕλκωσ' ἐξ ὄρεος κατὰ παιπαλόεσσαν ἀταρπὸν   i 17.743

        2055 δακρύσασα   **2058** Ἕκτορ ... δὲ   **2062** φαίδιμ' Ὀδυσ-
σεῦ   **2065** ῥ' om. Hom   **2068** ὣς ἔφατ'   **2070** ὣς φάτο

76   EVDOCIA

ἢ δοκὸν ἠὲ δόρυ μέγα νήϊον· ἐν δέ τε θυμὸς
τείρεθ' ὁμοῦ καμάτῳ τε καὶ ἱδρῷ σπευδόντεσσιν·   2080
ὡς οἵ γ' ἐμμεμαῶτε νέκυν φέρον. αὐτὰρ ⸢ὕπερθεν⸣
χερσὶ μέγαν λίθον ἀείραντές τε προσέθηκαν,
ὄμβριμον. οὐκ ἂν τόν γε δύω καὶ εἴκοσ' ἄμαξαι
ἐσθλαὶ τετράκυκλοι ἀπ' οὔδεος ὀχλίσσειαν.
ἐκ δὲ φυλακτῆρες σὺν τεύχεσιν ἐσσεύοντο,   2085
μὴ λόχος εἰσέλθῃσι πόλιν λαῶν ἀπεόντων.
ὧδε δέ τις ἔπεσκε νέων ὑπερηνορεόντων·
"⸢μὴ δή τι⸣ κλέψαι μὲν ἐάσετε, οὐδέ πῃ ἔστι
συλεύειν, μή ⸢πώς⸣ τι κακὸν μετόπισθε γένοιτο."
ἔπτ' ἔσαν ἡγεμόνες φυλάκων, ἑκατὸν δὲ ἑκάστῳ   2090
κοῦροι ἅμα στεῖχον δολίχ' ἔγχεα χερσὶν ἔχοντες
τῶν δ' ἅπαν ἐπλήσθη πεδίον καὶ λάμπετο χαλκῷ
δυσμενέες τ' ἄνδρες σχεδὸν εἴατο ⸢ἐν φυλάκεσσιν⸣.
οἱ δὲ τριηκόσιοί τε καὶ ἑξήκοντα πέλοντο.
αὐτοῦ δὲ προπάροιθε θυράων ἑδριόωντο.   2095
ὡς οἱ μέν ῥ' ἑκάτερθε καθείατο μητιόωντες.
οὐ γάρ κεν τλαίη βροτὸς ἐλθέμεν, οὐδὲ μάλ' ἡβῶν,
ἐς στρατόν· οὐδὲ γὰρ ἂν ⸢φύλακας⸣ λάθοι, οὐδέ κ' ὀχῆα
ῥεῖα μετοχλίσσειε θυράων ἡμετεράων.
δαιτυμόνες ⸢δ' ἀνὰ⸣ δώματ' ἴσαν θείου βασιλῆος   2100
ἀρχοὶ μνηστήρων, ἀρετῇ δ' ἔσαν ἔξοχ' ἄριστοι.
ἑζόμενοι δὲ κατ' αὖθι γόων τίλλοντό τε χαίτας
οὔδει ἐνισκίμψαντε καρήατα· δάκρυα δέ σφι
θερμὰ κατὰ βλεφάρων χανάδις ῥέε μυρομένοισιν.
ἔδδεισεν δ' ὑπένερθεν ἄναξ ἐνέρων Ἀϊδωνεύς.   2105
ἂψ δ' ἀνεχώρησεν ὠχρός τέ μιν εἷλε παρειάς.
δὴν δέ μιν ἀμφασίη ἐπέων λάβε, τὼ δέ οἱ ὄσσε
δακρυόφιν πλῆσθεν, θαλερὴ δέ οἱ ἔσχετο φωνή.

2081 ὄπισθεν   2088 ἀλλ' ἤ τοι   2089 μοι   2093 οὐδέ τι
ἴδμεν   2098 φυλάκους   2100 ἐς

ταρβήσας δ' ἑτέρωσε βάλ' ὄμματα, μὴ θεὸς εἴη.　　　o 16.179
2110 ⌜ἀλλ' ὅτε δή⌝ ῥ' ⌜ἄμπνυτο⌝, καὶ ἐς φρένα θυμὸς ἀγέρθη,　　o 24.349†@
⌜καὶ τότε δή⌝ μύθοισιν ἀμειβόμενος προσέειπε·　　　o 24.350†
"γουνοῦμαί σε, ⌜ἄναξ⌝· θεὸς ⌜δέ κεν⌝ ἢ βροτός ἐσσι;　　o 6.149 * †
νημερτὲς μὲν δή μοι ὑπόσχεο καὶ κατάνευσον　　　i 1.514
ἢ ἀπόειπ', ἐπεὶ οὔ τοι ἔπι δέος, ὄφρ' ἐὺ εἰδῶ.　　　i 1.515
2115 εἰ μέν ⌜τοι⌝ θεός, ὃς οὐρανὸν εὐρὺν ἔχῃσι,　　　o 6.150@ *
τρισμάκαρες μὲν σοί γε πατὴρ καὶ πότνια μήτηρ·　　o 6.154
εἰ δέ τίς ἐσσι βροτῶν, οἳ ἀρούρης καρπὸν ἔδουσιν,　　i 6.142
λίσσομ' ὑπὲρ ψυχῆς καὶ γούνων σῶν τε τοκήων,　　i 22.338
μή μ' ἀπογυιώσῃς μένεος, ἀλκῆς τε λάθωμαι.　　　i 6.265
2120 κρείσσων εἰς ἐμέθεν καὶ φέρτερος οὐκ ὀλίγον περ.　　i 19.217
νῦν δ' ἐμὲ μὲν μέγα κῦδος ἀφείλεο, τοὺς δὲ σάωσας　　i 22.18
ῥηϊδίως, ἐπεὶ οὔ τι τίσιν γ' ἔδδεισας ὀπίσσω,　　　i 22.19
ἦ σ' ἂν τεισαίμην, εἴ μοι δύναμίς γε παρείη.　　　i 22.20
οὐ γὰρ ἔτ' ἀνσχετὰ ἔργα τετεύχαται, οὐδ' ἔτι καλῶς　　o 2.63
2125 οἶκος ἐμὸς διόλωλε· νεμεσσήθητε καὶ αὐτοί,　　　o 2.64
ἄλλους τ' αἰδέσθητε περικτίονας ἀνθρώπους.　　　o 2.65
ὣς σὺ μὲν οὐδὲ θανὼν ὄνομ' ὤλεσας, ἀλλά τοι αἰεὶ　　o 24.93
πάντας ἐπ' ἀνθρώπους ⌜μάλα δὴ⌝ κλέος ἔσσεται ἐσθλόν.　o 24.94†
⌜ζώγρει⌝· ἐγὼ δέ κέ τοι ἰδέω χάριν ἤματα πάντα.　　i 14.235†
2130 βουλοίμην κ' ἐπάρουρος ἐὼν θητευέμεν ἄλλῳ,　　　o 11.489
ὅς ⌜κε⌝ θνητὸς ⌜ἔῃ⌝ καὶ οὐ τόσα μήδεα οἶδε,　　　i 18.363† *
ἢ πᾶσιν νεκύεσσι καταφθιμένοισιν ἀνάσσειν　　　o 11.491
βουλοίμην ἤ σοί γε, διοτρεφές, ἤματα πάντα,　　　i 23.594
οὗ περ καὶ μείζων ἀρετὴ τιμή τε βίη τε,　　　i 9.498
2135 ἐκ θυμοῦ πεσέειν καὶ δαίμοσιν εἶναι ἀλιτρός."　　i 23.595
ὣς ἄρα μιν προσέειπεν ἄναξ ἐνέρων Ἀϊδωνεὺς　　cf. i 20.61
λισσόμενος ἐπέεσσιν, ἀμείλικτον δ' ὄπ' ἄκουσε.　　i 21.98

2110 αὐτὰρ ἐπεὶ ... ἔμπνυτο　　2111 ἐξαῦτις　　2112 ἄνασσα
... νύ τις　　2115 τις　　2128 μάλα δὴ κλεος ... Steph : ... ἐσθλόν
Ἀχιλλεῦ Hom : ἐσθλὸν] Ἀχιλλεῦ　　2129 πείθευ　　2131 περ ...
τ' ἐστι

78   EVDOCIA

"χρὴ μὲν δὴ τὸν μῦθον ἀπηλεγέω' ἀποειπεῖν,
ἧ περ δὴ φρονέω τε καὶ ὡς τετελεσμένον ἔσται,
ἄνδρα θνητὸν ἐόντα, πάλαι πεπρωμένον αἴσῃ,   2140
ἠδὲ γυναῖκας ἐϋζώνους καὶ νήπια τέκνα
ἂψ ἐθέλω θανάτοιο ⌜δυσαλγέος⌝ ἐξαναλῦσαι.
βάλλεαι. ἀλλὰ σ' ἔγωγ' ἀναχωρήσαντα κελεύω
ἐς πληθὺν ἰέναι, μηδ' ἀντίος ἵστασ' ἐμεῖο.
πρῆξαι δ' ἔμπης οὔ τι δυνήσεαι, ἀλλ' ἀπὸ θυμοῦ   2145
μᾶλλον ἐμοὶ ἔσεαι· τὸ δέ τοι καὶ ῥίγιον ἔσται."
ὣς εἰπὼν λίπεν αὐτόθ' ἐπεὶ διεπέφραδε πάντα
δειδιότα· κρατερὸς γὰρ ἔχε τρόμος ἀνδρὸς ὁμοκλῇ.

περὶ τῆς ἀναστάσεως

ἀλλ' ὅτε δὴ τρίτον ἦμαρ 'εϋπλόκαμος τέλεσ' Ἠώς,
ἦμος δ' οὔτ' ἄρ πω ἠώς, ἔτι δ' ἀμφιλύκη νύξ,   2150
ἄψορρόν οἱ θυμὸς ἐνὶ στήθεσσι ἀγέρθη.
ἔγρετο δ' ἐξ ὕπνου, θείη δέ μιν ἀμφέχυτ' ὀμφή,
ῥεῖα λαθὼν φύλακάς τ' ἄνδρας δμῶάς τε ⌜ἅπαντας⌝.
οὐδὲ ⌜γὰρ⌝ εὕδοντες φυλάκων ἡγήτορες ⌜ἔσσαν⌝,
ἀλλ' ἐγρηγορτὶ σὺν τεύχεσιν εἴατο πάντες.   2155
ὡς δὲ κύνες περὶ μῆλα δυσωρήσωνται ἐν αὐλῇ
θηρὸς ἀκούσαντες κρατερόφρονος, ὅς τε καθ' ὕλην
ἔρχηται δι' ὄρεσφι· πολὺς δ' ὀρυμαγδὸς ἐπ' αὐτῷ
ἀνδρῶν ἠδὲ κυνῶν, ἀπό τέ σφισιν ὕπνος ὄλωλεν.
ὣς τῶν νήδυμος ὕπνος ἀπὸ βλεφάροιιν ὀλώλει.   2160
αἱ δὲ γυναῖκες ⌜τόφρα⌝ ἀολλέες ἦλθον ἅπασαι.
αἵν' ὀλοφυρόμεναι, θαλερὸν κατὰ δάκρυ χέουσαι·
ἔνθα δύω νύκτας δύο τ' ἤματα ⌜συνεχὲς⌝ αἰεὶ
κάππεσεν. ἀμφὶ δέ οἱ θάνατος χύτο θυμοραϊστής.

2142 δυσηχέος   2153 γυναῖκας   2154 μὲν ... εὗρον
2161 τόφρα deest Hom : ὣς ἔφαθ' [αἵ   2163 συνεχὲς

2165 κλαῖον δὲ λιγέως, ἀδινώτερον ἤ τ' οἰωνοὶ   o 16.216
φῆναι ἢ αἰγυπιοὶ γαμψώνυχες, οἷσί τε τέκνα   o 16.217
ἀγρόται ἐξείλοντο πάρος πετεηνὰ γενέσθαι·   o 16.218
ὣς ἄρα τοί γ' ἐλεεινὸν ὑπ' ὀφρύσι δάκρυον εἶβον.   o 16.219
μήτηρ θ' ἥ μιν ἔτικτε καὶ ἔτρεφε τυτθὸν ἐόντα,   o 23.325 *
2170 κλαῖε μόρον οὗ παιδὸς ἀμύμονος, ὅς οἱ ἔμελλε   i 24.85
αὖτις ἀναστήσεσθαι ὑπὸ ζόφου ἠερόεντος.   i 21.56 *
παιδὸς γάρ οἱ ἄλαστον ἐνὶ φρεσὶ πένθος ἔκειτο.   o 24.423
⌜κεῖτο δ' ἄναυδος⌝ ἄπαστος ἐδητύος ἠδὲ ποτῆτος,   o 4.788 @
ὁρμαίνουσ' ἤ οἱ θάνατον φύγοι υἱὸς ἀμύμων.   o 4.789
2175 τῇ' δ' ἐλεεινοτάτῳ ἄχεϊ φθινύθεσκον παρειαί.   o 8.530 *
καί ῥ' ἀπομόρξατο χερσὶ παρειὰς φώνησέν τε,   o 18.200
"ὦ μοι, τέκνον ἐμόν, τί νύ σ' ἔτρεφον αἰνὰ τεκοῦσα;   i 1.414
⌜ὦ μοι⌝, ἐγὼ πανάποτμος, ἐπεὶ τέκον υἷα ἄριστον."   i 24.493 * †
ὡς δὲ χιὼν κατατήκετ' ⌜ἐπ'⌝ ἀκροπόλοισιν ὄρεσσιν,   o 19.205 †
2180 ἥν τ' Εὖρος κατέτηξεν, ἐπὴν Ζέφυρος καταχεύῃ   o 19.206
τηκομένης δ' ἄρα τῆς ποταμοὶ πλήθουσι ῥέοντες,   o 19.207
ὣς τῆς τήκετο καλὰ παρήϊα δάκρυ χεούσης.   o 19.208
σμερδαλέον δὲ μέγ' ᾤμωξεν, περὶ δ' ἴαχε πέτρη.   o 9.395
⌜ὁρμήσας δ' ἄρα οἱ⌝ παρ' ἑταίρων ἄγγελος ὠκὺς   o 16.468 †
2185 χερσὶ ψηλαφόων, ἀπὸ μέν λίθον εἷλε θυράων.   o 9.416
τόν ῥα περιστρέψας ἧκε στιβαρῆς ἀπὸ χειρός.   o 8.189
αὖτις ἔπειτα πέδονδε κυλίνδετο λᾶας ἀναιδής.   o 11.598
βόμβησεν δὲ λίθος· κατὰ δ' ἔπτηξεν ποτὶ γαίῃ.   o 8.190
αὐτὸς δ' εἰνὶ θύρῃσι καθέζετο χεῖρε πετάσσας   o 9.417
2190 κάλλεϊ καὶ χάρισι στίλβων· θηεῖτο δὲ κούρη.   o 6.237
ὥς τε γὰρ ἠελίου ⌜πέλεν αἴγλη⌝ ἠδὲ σελήνης,   o 7.84 †
ἢ πυρὸς αἰθομένοιο ⌜καὶ⌝ ἠελίου ἀνιόντος.   i 22.135 †
φωνῇ τε βροτέη κατερήτυε φώνησέν τε,   o 19.545
"εἰπὲ δ' ὅ τι κλαίεις καὶ ὀδύρεαι ἔνδοθι θυμῷ,   o 8.577

2173 κεῖτ' ἄρ' ἄσιτος   2178 αὐτὰρ   2179 ἐν   2184 ὠμή-
ρησε δέ μοι παρ'   2191 ἄγλη πέλεν ἠε   2192 ἢ

80 EVDOCIA

i 24.105 πένθος ἄλαστον ἔχουσα μετὰ φρεσίν. οἶδα καὶ αὐτὸς 2195
o 18.113 ὅττι μάλιστ' ἐθέλεις καί τοι φίλον ἔπλετο θυμῷ.
o 4.801 * ⌜παύσεο δὴ⌝ κλαυθμοῖο γόοιό τε δακρυόεντος,
o 4.749 ὡς ἂν μὴ κλαίουσα κατὰ χρόα καλὸν ἰάπτῃς.
i 19.220 τώ τοι ἐπιτλήτω κραδίη μύθοισιν ἐμοῖσιν.
o 19.263 μηκέτι νῦν χρόα καλὸν ἐναίρεο μηδέ τι θυμόν. 2200
o 4.825 θάρσει, μηδέ τι πάγχυ μετὰ φρεσὶ δείδιθι λίην·
o 4.826 * τοῖος γάρ σοι ποτμὸς ἅμ' ἔρχεται, ὅν τε καὶ ἄλλοι
o 4.827 ἀνέρες ἠρήσαντο παρεστάμεναι, δύναται γάρ.
o 20.233 @ σοῖσιν δ' ὀφθαλμοῖσιν ⌜ἐσόψεαι⌝, αἴ κ' ἐθέλησθα.
o 19.236 ἄλλο δέ τοι ἐρέω, σὺ δ' ἐνὶ φρεσί βάλλεο σῇσιν· 2205
o 19.300 ὣς ὁ μὲν οὕτως ἐστὶ σόος καὶ ἐλεύσεται ἤδη
o 20.35 † ⌜σὸς⌝ πάϊς, οἷόν πού τις ἐέλδεται ἔμμεναι υἷα
o 19.301 ἄγχι μάλ', οὐδ' ἔτι τῆλε φίλων καὶ πατρίδος αἴης.
o 19.305 ἢ μέν τοι τάδε πάντα τελείεται ὡς ἀγορεύω.
o 17.7 * ὄψεαι· οὐ γάρ σε πρόσθεν παύσεσθαι ὀΐω 2210
o 17.8 κλαυθμοῦ τε στυγεροῖο γόοιό τε δακρυόεντος,
o 17.9 @ * πρίν γ' αὐτόν ⌜κ'⌝ ἐσίδηαι. ἀτὰρ σοί γ' ὧδ' ἐπιτέλλω.
o 16.270 ἀλλὰ σὺ μὲν νῦν ἔρχευ ἅμ' ἠοῖ φαινομένηφιν
o 16.271 οἴκαδε, καὶ μνηστῆρσιν ὑπερφιάλοισιν ὁμίλει.
o 16.267 * οὐ μέν τοι κεῖνός γε πολύν χρόνον ἀμφὶς ἔσοιτο." 2215
o 4.758 ὣς φάτο, τῆς δ' εὔνησε γόον, σχέθε δ' ὄσσε γόοιο.
o 19.252 καὶ τότε μιν μύθοισιν ἀμειβομένη προσέειπε,
o 16.31 @ † * "ἔσσεται ⌜οὕτω⌝, ⌜φίλε⌝· ἔθεν δ' ἕνεκ' ἐνθάδ' ἱκάνω,
o 16.32 * ὄφρα ἔ τ' ὀφθαλμοῖσιν ἴδω καὶ μῦθον ἀκούσω.
o 19.312 ἀλλά μοι ὧδ' ἀνὰ θυμὸν ὀΐεται, ὡς ἔσεταί περ. 2220
o 7.234 ἔγνω γὰρ φᾶρός τε χιτῶνά τε εἵματ' ἰδοῦσα."
o 21.354 ἡ μὲν θαμβήσασα πάλιν οἴκόνδε βεβήκει
o 17.590 † μνηστήρων ⌜μεθ⌝ ὅμιλον, ἐπεὶ διεπέφραδε πάντα
i 6.496 ἐντροπαλιζομένη, θαλερὸν κατὰ δάκρυ χέουσα.

2197 παύσειε   2204 ἐπόψεαι   2207 καὶ   2212 μ'   2218 οὔ-
τως, ἄττα   2223 ἐς

2225 παιδὸς γὰρ μῦθον πεπνυμένον ἔνθετο θυμῷ.   o 21.355
καί ῥα ἑκάστῳ φωτὶ παρισταμένη φάτο μῦθον.   o 2.384
ὅσσα δ' ἄρ' ἄγγελος ὦκα κατὰ πτόλιν ᾤχετο πάντῃ.   o 24.413
οἱ δὲ βοῆς ἀΐοντες ἐφοί των ἄλλοθεν ἄλλος,   o 9.401
οἱ μὲν χωόμενοι, οἱ δ' αὖ μέγα κυδιόωντες·   i 21.519
2230 οἱ δ' ἄρα θαμβήσαντες ἰθὺς κίον, ὡς δ' ἐσίδοντο.   o 24.101 *
ἀθρόοι ἠγερέθοντο πρὸ ἄστεος εὐρυχόροιο.   o 24.468
δὴν δ' ἄνεῳ καὶ ἄναυδοι ἐφέστασαν ἀλλήλοιϊν.   cf. i 9.30
                                                        + 13.133 *
ὧδε δέ τις εἴπεσκεν ἰδὼν ἐς πλησίον ἄλλον,   o 21.396
"ὦ φίλοι, οὐ μέν πω τι πάρος τοιοῦτον ἐτύχθη.   o 18.36
2235 ὢ πόποι, ἦ μέγα θαῦμα τόδ' ὀφταλμοῖσιν ὁρῶμαι   i 13.99
δεινόν, ὃ οὔ ποτ' ἔγωγε τελευτήσεσθαι ἔφασκον.   i 13.100
'ὅδε δὴ' αὖτ' ἐξαῦτίς 'περ' ἀνέστη κῆρας ἀλύξας.   i 15.287†
κεῖνος 'θ' ὥς' ἀγόρευε· τὰ δὴ νῦν πάντα τελεῖται."   i 2.330 @
αὐτὰρ ὁ θυμὸν ἔχων ὃν καρτερόν, ὡς τὸ πάρος περ,   i 5.806
2240 ὃς πᾶσι θνητοῖσι καὶ ἀθανάτοισιν ἀνάσσει,   i 12.242
ἤϊεν. αἰπὺ δ' ὄρος προσέβη καταειμένον ὕλῃ,   o 19.431 *
ἐν περιφαινομένῳ. δοιοὺς δ' ἄρ' ὑπήλυθε θάμνους   o 5.476
ἐξ ὁμόθεν πεφυῶτας· ὁ μὲν φυλίης, ὁ δ' ἐλαίης.   o 5.477
ἔνθ' ἀναβάς, ὅθι τε 'δρύος' ἦν πολυανθέος ὕλης,   o 14.353 @
2245 'ἔστη'. πολλὰ δέ οἱ κραδίη πόρφυρε κίοντι.   o 4.427†
ἀλλὰ καὶ ὡς ἀνέμιμνε, σάω δ' ἐρίηρας ἑταίρους.   i 16.363
οἱ δ' ἐλελίχθησαν καὶ ἐναντίοι ἔσταν 'ἅπαντες'.   i 5.497†
'αὐτὰρ ἐπεί ῥ" ἤγερθεν ὁμηγερέες τ' ἐγένοντο   i 1.57†
γήθησαν, καὶ πᾶσιν ἐνὶ φρεσὶ θυμὸς ἰάνθη,   o 15.165
2250 ὡς εἶδον ζωόν τε καὶ ἀρτεμέα προσιόντα.   i 5.515
αὐτὰρ ἐπεὶ τάρπησαν ἐς ἀλλήλους ὁρόωντες,   i 24.633
δεικανόωντ' ἐπέεσσι καὶ ἐν χείρεσσι φύοντο.   o 24.410
καὶ κύνεον ἀγαπαζόμενοι κεφαλήν τε καὶ ὤμους.   o 17.35 *
τοῖσι δὲ καὶ μετέειπε θεοκλύμενος θεοειδής,   o 20.350

2229 αὖ om. Hom codd.   2237 οἷον δ' : περ deest Hom
2238 τὼς   2244 δρίος   2245 ἤια   2247 Ἀχαιῶν   2248 οἱ δ'
ἐπεὶ οὖν

i 24.460†   "ὦ ⌜τέκον⌝, ἤτοι ἐγὼ θεὸς ἄμβροτος εἰλήλουθα.   2255
ο 24.379 *   τοῖος ἐών τοι χθιζὸς ἐν ὑμετέροισι δόμοισι
i 4.267   ἔσσομαι, ὡς τὸ πρῶτον ὑπέστην καὶ κατένευσα.
ο 23.54   νῦν ἤδη τόδε μακρὸν ἐέλδωρ ἐκτετέλεσται.
ο 16.205@   ἀλλ' ὅδ' ἐγὼ τοιόσδε, παθὼν κακά, πολλὰ ⌜δ' ἀνατλάς⌝,
i 6.446   ἀρνύμενος πατρός τε μέγα κλέος ἠδ' ἐμὸν αὐτοῦ,   2260
ο 11.94 *   ἤλυθον, ὄφρα ἴδω νέκυας καὶ ἀτερπέα χῶρον.
i 9.649   ἀλλ' ὑμεῖς ἔρχεσθε καὶ ἀγγελίην ἀπόφασθε
ο 12.207 *   μειλιχίοις ἐπέεσσι παρασταδὸν ἀνδρὶ ἑκάστῳ.
i 15.234   κεῖθεν δ' αὐτὸς ἐγὼ φράσομαι ἔργον τε ἔπος τε."
i 13.17   αὐτίκα δ' ἐξ ὄρεος κατεβήσετο παιπαλόεντος.   2265
i 11.685   κήρυκες δὲ λίγαινον ἅμ' ἠοῖ φαινομένηφι
i 3.151   ἐσθλοί, τεττίγεσσιν ἐοικότες, οἵ τε καθ' ὕλην
i 3.152   δενδρέῳ ἐφεζόμενοι ὄπα λειριόεσσαν ἱεῖσι.

περὶ τῆς τοῦ Θωμᾶ ψηλαφήσεως

ο 1.126†   οἱ δ' ὅτε δή ῥ' ἔντοσθε ⌜δόμου ἔσαν⌝ ὑψηλοῖο
ο 5.227 *†   τερπόμενοι φιλότητι παρ' ἀλλήλοισι ⌜κάθηντο⌝.   2270
ο 13.2   κηληθμῷ δ' ἔσχοντο κατὰ μέγαρα σκιόεντα.
ο 19.30 *   κλήϊσαν δὲ θύρας μεγάρων ἐῢ ναιεταόντων.
ο 2.344   κλήϊσταὶ δ' ἔπεσαν σανίδες πυκινῶς ἀραρυῖαι.
ο 5.228   ὦμος δ' ἠριγένεια φάνη ῥοδοδάκτυλος Ἠώς,
ο 1.324   αὐτίκα δὴ μνηστῆρας ἐπῴχετο ἰσόθεος φώς.   2275
ο 15.271*   τοὺς δ' αὖτε προσέειπε θεοκλύμενος θεοειδής,
ο 21.207   "ἔνδον μὲν δὴ ὅδ' αὐτὸς ἐγώ, κακὰ πολλὰ μογήσας,
ο 21.209   γιγνώσκω δ' ὡς σφῶϊν ἐελδομένοισιν ἱκάνω."
i 17.466†   ⌜καὶ τοτε⌝ δή μιν ἑταῖρος ἀνὴρ ἴδεν ὀφθαλμοῖσιν.
ο 4.117   μερμήριξε δ' ἔπειτα κατὰ φρένα καὶ κατὰ θυμὸν   2280
i 24.632   εἰσορόων ὄψιν τ' ἀγαθὴν καὶ μῦθον ἀκούων,

2255 γέρον   2259 δ' ἀληθείς   2269 ἔσαν δόμου   2270 μέ-
νοντες   2279 ὀψὲ δὲ

ἢ πρῶτ' ἐξερέοιτο ἕκαστά τε ⌜μυθήσαιτο⌝.   o 4.119 @

στῆ δὲ παρ' αὐτὸν ἰὼν καί μιν πρὸς μῦθον ἔειπε·   i 8.280

"ὦ φίλ', ἐπειδὴ ταῦτά μ' ἀνέμνησας καὶ ἔεπες·   o 3.211

2285 πείθεις δή μευ θυμόν, ἀπηνέα περ μάλ' ἐόντα.   o 23.230 *

ἐν μοίρῃ γὰρ πάντα διίκεο καὶ κατέλεξας.   i 19.186

νῦν δ' ἐθέλω ἔπος ἄλλο μεταλλῆσαι καὶ ἐρέσθαι.   o 3.243

⌜ὦ φίλε⌝, ⌜εἰ⌝ καί μοι νεμεσήσεαι ὅττι κεν εἴπω;   o 1.158 † @

σῆμά τί μοι νῦν ⌜δεῖξον⌝ ἀριφραδές, ὄφρα πεποίθω."   o 24.329 †

2290 τὸν δ' αὖτε προσέειπε θεοκλύμενος θεοειδής,   o 15.271

"ἦ μάλα τίς τοι θυμὸς ἐνὶ στήθεσσιν ἄπιστος.   o 14.391

ἀλλὰ σὺ μή μοι ταῦτα νόει φρεσί, μηδέ σε δαίμων   i 9.600

ἐνταῦθα τρέψειε, φίλος· κάκιον δέ κεν εἴη.   i 9.601

τοιγὰρ ἐγώ τοι, τέκνον, ἀληθέα πάντ' ἀγορεύσω.   o 3.254

2295 ἦ τοι μὲν τόδε καὐτὸς ὀΐεαι, ὥς κεν ἐτύχθη.   o 3.255

ἀλλ' ἄγε δεῦρο, πέπον, παρ' ἔμ' ἵστασο καὶ ἴδε ἔργον,   o 22.233

ὄφρ' ⌜ἐΰ⌝ εἰδῆς οἷος ἐν ἀνδράσι δυσμενέεσσι.   o 22.234 †

σφῶϊν δ', ὡς ἔσεταί περ, ἀληθείην καταλέξω·   o 21.212

εἰ δ' ἄγε δὴ καὶ σῆμα ἀριφραδὲς ἄλλο τι δείξω,   o 21.217

2300 ὄφρά μ' ἐΰ γνῶτον πιστωθῆτόν τ' ἐνὶ θυμῷ.   o 21.218

σῆμα δέ τοι ἐρέω μάλ' ἀριφραδές· οὐδέ σε λήσει."   i 23.326

ὣς εἰπὼν ῥάκεα μεγάλης ἀπόεργαθεν οὐλῆς.   o 21.221

δεξιτερῆς δ' ἕλε χειρός ἔπος τ' ἔφατ' ἔκ τ' ὀνόμαζεν·   i 7.108

"οὐλὴν μὲν πρῶτον τήνδε φράσαι ὀφθαλμοῖσι,   o 24.331

2305 ὄφρα γνῷς κατὰ θυμόν, ἀτὰρ εἴπησθα καὶ ἄλλῳ.   o 22.373

ὡς ἐπὶ σοὶ μάλα πόλλ' ἔπαθον καὶ πόλλ' ἐμόγησα   i 9.492

ὄφρά μ' ἐΰ φνῶτον πιστωθῆτόν τ' ἐνὶ θυμῷ."   o 21.218

ὣς φάτο, τῶν δ' ἄρα θυμὸν ἐνὶ στήθεσσιν ὄρινε.   o 17.150 *

οὐλὴν δ' ἀμφράσσαιτο καὶ ἀμφαδὰ ἔργα γένοιτο,   o 19.391

2310 χειρῶν δ' ἀψάσθην· ὁ δὲ δακρύσας ἔπος ηὔδα·   i 10.377

2282 πειρήσαιτο   2283 Ἀντίνοον   2288 ξεῖνε φίλ' ... ἦ
2289 εἰπὲ   2297 ὄφρ' ἐΰ εἰδῃς οἷος ἐν Steph : ὄφρ' εἰδῃ' οἷός
τοι Hom

"νῦν ⌜γ", ἐπεὶ ἤδη σήματ' ἀριφραδέα ⌜μοι ἔδειξας⌝
πείθεις δή μευ θυμόν, ἀπηνέα περ μάλ' ἐόντα,
τοῖος ἐών τοι χθιζὸς ἐν ἡμετέροισι δόμοισι,
οὐδὲ λίην ἄγαμαι, μάλα δ' εὖ οἶδ' οἷος ἔησθα.
αὐτὰρ μὴ νῦν μοι τόδε χώεο μηδὲ νεμέσσα,   2315
οὕνεκά σ' οὐ τὸ πρῶτον ⌜ἰδὼν ἐγὼ ὦδ' ἐπίθησα⌝.
πρὶν δ' ἔγνων, πρὶν πάντα ἄνακτ' ἐμὸν ἀμφαφάασθαι.
αἰεὶ γάρ μοι θυμὸς ἐνὶ στήθεσσι φίλοισιν
ἐρρίγει μή τίς με βροτῶν ἀπάφοιτο ἔπεσσιν."
ὣς ἄρα φωνήσαντες ἀπέστασαν ἀλλήλοιϊν.   2320

περὶ τῆς ἀναλήψεως

⌜δὴ⌝ τότε μὲν πρόπαν ἦμαρ ἐς ἠέλιον καταδύντα
χεῖρας ἀνίσχοντες μεγάλ' εὐχετόωντο ἕκαστος.
ἦμος δ' ἑωσφόρος εἶσι φόως ἐρέων ἐπὶ γαῖαν,
ὅυ τε μέτα κροκόπεπλος ὑπεὶρ ἅλα κίδναται ἠώς,
ἔστη ⌜γε⌝ σκοπιὴν ἐς παιπαλόεσσαν ἀνελθών,   2325
ἔνθα μὲν οὔτε βοῶν οὔτ' ἀνδρῶν φαίνετο ἔργα.
οἱ δ' ἐλελίχθησαν καὶ ἐναντίοι ἔσταν ⌜ἅπαντες⌝,
μήτηρ θ' ἥ μιν ἔτικτε καὶ ἔτρεφε τυτθὸν ἐόντα.
⌜αὐτὰρ ἐπεί ῥ"⌝ ἤγερθεν ὁμηγερέες τ' ἐγένοντο,
τοὺς δ' αὖτε προσέειπε θεοκλύμενος θεοειδής   2330
"⌜κλῦτε φίλοι⌝, καὶ μή τι ⌜θυμῷ⌝ ἀγάσησθε ἕκαστος,
ὄφρα ἔπος εἴποιμι τό μοι καταθύμιόν ἐστιν.
⌜ἤδη νῦν μευ⌝ θυμὸς ἐπέσσυται ὥστε νέεσθαι
οὐρανὸν ἐς πολύχαλκον, ἵν' ἀθανάτοισι ⌜μετείην⌝."
μνηστῆρες δ' ἀκάχοντο κατήφησάν τ' ἐνὶ θυμῷ.   2335

2311 δ' ... κατέλεξας   2316 ἐπεὶ ἴδον, ὦδ' ἀγάπησα
2321 ὡς   2325 δὲ   2327 Ἀχαιῶν   2329 οἱ δ' ἐπεὶ οὖν
2331 πείσεσθαι ... κότῳ   2333 εἰ δέ τοι αὐτῷ   2334 φαείνοι
2338 νεφέεσσιν

ὡς εἰπὼν λίπεν αὐτόθ᾽, ἐπεὶ διεπέφραδε πάντα.   i 20.340
αὐτὸς δὲ πρὸς πατρὸς ἐρισθενέος πυκινὸν δῶ   i 19.355 *
φαίνεθ᾽ ὁμοῦ ⌜νεφέλησιν⌝ ἰὼν εἰς οὐρανὸν εὐρύν,   i 5.867†
ἄφθιτον ἀστερόεντα, μεταπρεπέ̈ ἀθανάτοισιν.   i 18.370
2340 αὐτόμαται δὲ πύλαι μύκον οὐρανοῦ, ἃς ἔχον Ὧραι·   i 5.749
τῆς ἐπιτέτραπται μέγας οὐρανὸς ⌜ἀστερόεις⌝ τε,   i 5.750†
ἠμὲν ἀνακλῖναι πυκινὸν νέφος ἠδ᾽ ἐπιθεῖναι.   i 5.751
βῆ δὲ ⌜θέων⌝, μάλα δ᾽ ὦκα φίλον πατέρ᾽ εἰσαφίκανεν.   o 22.99 @
ἂψ δ᾽ αὖτις κατ᾽ ἂρ ἕζετ᾽ ἐπὶ θρόνου, ἔνθεν ἀνέστη.   o 21.139

2341 Οὐλυμπός   **2343** θέειν

INDEX LOCORVM

Odyssea 7

Odyssea 8

Odyssea 9

VERSVS CENTONARII VARIAS LECTIONES HOMERICAS CONTINENTES (@)

36	414	1005	1606	2009
44	439	1010	1613	2047
49	452	1011	1635	2065
57	465	1058	1655	2098
57	494	1059	1686	2100
59	509	1091	1689	2110
61	520	1106	1694	2115
94	529	1155	1697	2163
99	551	1158	1716	2173
136	568	1207	1720	2204
138	637	1232	1728	2212
158	644	1280	1731	2217
167	663	1281	1732	2238
201 b	685	1314	1771	2244
247	699	1330	1782	2259
302	708	1331	1787	2282
304	716	1344	1813	2288
316	719	1351	1822	2343
320	742	1355	1839	
327	745	1379	1868	
331	784	1386	1876	
332	814	1403	1878	
338	887	1423	1892	
345	889	1448	1920	
357	898	1487	1937	
378	931	1493	1944	
379	950	1507	1867	
380	959	1514	1989	
387	972	1582	1990	
396	974	1587	1999	

Homers Ilias: Gesamtkommentar

(Sammlung wissenschaftlicher Commentare)

Prolegomena

Herausgegeben von Joachim Latacz
1999. ca. 140 Seiten. SWC. ISBN 3-519-04300-9
Kart. ca. DM 46,– / ÖS 336,– / SFr 41,–

Zur Geschichte der Ilias-Kommentierung (Latacz) – Textgeschichte (West) – Formelhaftigkeit und Mündlichkeit (Latacz) – Grammatik (Wachter) – Metrik (Nünlist) – Handlungsfiguren (Graf/Stoevesandt) – Handlungs- und Zeitstruktur, mit Graphiken (Latacz) – Erzähltechnik (de Jong/Nünlist) – Index der mykenischen Wörter in der Ilias, mit Kurzerläuterungen (Wachter)

Band I: Erster Gesang (A)

Faszikel 1: Text mit Apparat und Übersetzung

Text und Apparat von Martin L. West
Übersetzung von Joachim Latacz
1999. ca. 70 Seiten. SWC. ISBN 3-519-04301-7
Kart. ca. DM 24,– / ÖS 175,– / SFr 22,–

Faszikel 2: Kommentar

Bearbeitet von Joachim Latacz, René Nünlist, Magdalene Stoevesandt
unter Mitwirkung von
Fritz Graf, Michael Meier-Brügger, Rolf Stucky,
Jürgen von Ungern-Sternberg und Rudolf Wachter
1999. ca. 200 Seiten. SWC. ISBN 3-519-04302-5
Kart. ca. DM 54,– / ÖS 394,– / SFr 49,–

Band I/Faszikel 1 und Band I/Faszikel 2 werden nur zusammen abgegeben

B. G. Teubner Stuttgart und Leipzig

BIBLIOTHECA
SCRIPTORVM GRAECORVM ET ROMANORVM
TEVBNERIANA